本書をお使いの方へ

本書は，毎回少しずつ継続(けいぞく)的に取り組むことで，
家庭での学習習慣を身につけることを目的とした問題集です。

中学生のみなさんの中には，
「忙(いそが)しくて家でなかなか勉強できていない…」
「学校の授業に思うようについていけない…」
と悩(なや)んでいる方も多いと思います。

その気持ち，とてもよくわかります。
中学校の学習内容は小学校と比べて難しくなりますし，
部活動や学校行事などもあって大変なこともあるでしょう。

しかし，今後に向けて今のうちから学習習慣を身につけておくことは，
成績を伸(の)ばすうえでも，勉強以外の活動を両立するうえでも，
とても重要なことです。

本書は，1回の分量は1ページだけで，各10分ほどで学習可能です。
この本を使って，少しずつ中学校の勉強に慣れていきましょう。

本書が，みなさんの学習に役立ち，
より充実(じゅうじつ)した中学生活の一助となれば幸いです。

数研出版編集部

本書の特長と使い方

●特長

本書は，忙しくて時間が取れない人や，勉強が苦手という人でも無理なく学習習慣が身につけられるように工夫されています。

・中学２年生で習う数学のうち，必ずおさえておきたい基本問題を扱っています。
・１回の分量はたった１ページで，10分ほどで取り組める分量になっています。
・楽しみながら取り組めるように，なぞときがついています。

●使い方

このような１行問題が，本文中にランダムに出てきます。空欄を埋めていくと，３ページの「なぞときパズル」が完成していって… !?

学習した日付と得点を書き込みましょう。

このページで学習する問題に取り組みましょう。

ここまでで１回分が終了です。答え合わせをしましょう。

●登場するキャラクター

ぼくたちと一緒に勉強しよう！
ぼくは，問題のヒントを出してサポートするよ。

数犬チャ太郎

なぞときについては，次のページに詳しい説明があるよ！

ブル

なぞときパズルに挑戦！

STEP1 本文中のどこかに，なぞときの問題が 10 問あるよ。
その問題を探して，①～⑩でわかった数字を入れて，次の計算をしよう！

$\boxed{①}\div(\boxed{②}-7)\times\boxed{③}^2=\mathrm{A}$

$\boxed{④}\times(\boxed{⑤}+\boxed{⑥})\times5=\mathrm{B}$

$\boxed{⑦}\times\boxed{⑧}\times(\boxed{⑨}-1)\div\boxed{⑩}\times2=\mathrm{C}$

STEP2 A，B，Cを次の式に代入して計算し，パスワードを完成させよう！

$$(\mathrm{A}\times\mathrm{C}+\mathrm{B})\times10+\mathrm{C}\div\mathrm{B}+\mathrm{A}$$

◆パスワード◆

計算間違い（まちがい）に気をつけてね！

STEP3 右下のQRコードを読みとって，パスワードを入力しよう！

※ QRコードは，株式会社デンソーウェーブの登録商標です。

もくじ

第１章　式の計算

第２章　連立方程式

第３章　１次関数

第４章　図形の性質と合同

第５章　三角形と四角形

第６章　確率

第７章　データの活用

1 第１章　式の計算
単項式と多項式①

月　　日

解答　別冊１ページ

1 次の式を，単項式（たんこうしき）と多項式に分けなさい。［１点(完答)］

$3ab$　　$x-2xy$　　$-a^2$　　$9x^3y^4$　　$3x^3+4x^2-1$

2 次の多項式の項を答えなさい。［１点×３(各完答)］

(1)　$a+4b$

(2)　$-\dfrac{1}{3}x^2+2x-\dfrac{5}{6}$

(3)　$x^2y-xy+6x$

3 次の式の次数を答えなさい。［１点×４］

(1)　$4xy$

(2)　$3x^2yz^3$

(3)　x^2-7x+6

(4)　$4a^2b+7ab+6a$

4 次の式は何次式か答えなさい。［１点×２］

(1)　$ab+a-1$

(2)　$a^3+6ab+2b^2$

今日はここまで！おつかれさま！

2 単項式と多項式②

月　日

解答　別冊１ページ

1 次の式を，単項式(たんこうしき)と多項式に分けなさい。［１点(完答)］

$4x+9$　　a　　$-6b$　　$5a^2-2a+6$　　$x^2+2xy+y^2$

2 次の式について，単項式はその係数と次数を答え，多項式はその項を示し，次数を答えなさい。［１点×４(各完答)］

(1)　$5xy$

(2)　$2x-y+6$

(3)　$-x^2y^3z^4$

(4)　$ab-3ab^2+5a$

3 次の式は何次式か答えなさい。［１点×５］

(1)　$-8abc$

(2)　$7a^2b^3-5a^3b+b^4$

(3)　$2a^2bc^3$

(4)　$-x^4y^2z^2-11x^5y^4$

(5)　$8a^2b^6-3a^6b+6b^5$

今日はここまで！おつかれさま！

3 第１章　式の計算
多項式の計算①

月　日

点 /10

解答　別冊１ページ

1 次の式において，同類項(どうるいこう)はどれとどれかすべて答えなさい。［１点(完答)］

$4x - 8y - 2x + 6y$

2 次の式の同類項をまとめなさい。［１点×３］

(1) $5x - 2x$

(2) $6ab - 3a - 7ab + 5a$

(3) $-3x^2 + 11x - 4x^2 - 6x$

3 次の計算をしなさい。［１点×６］

(1) $(7a - 3b) + (-3a + 5b)$

(2) $(-4a^2 + 6a) + (2a^2 - 7a)$

(3) $(8x - 13y) - (9x - 10y)$

(4) $\left(\dfrac{x}{6} - \dfrac{y}{8}\right) - \left(\dfrac{x}{4} - \dfrac{5}{12}y\right)$

(5)
$$\begin{array}{rr} & 3x - 2y \\ +) & -2x + 5y \\ \hline \end{array}$$

(6)
$$\begin{array}{rr} & 3a - 4b \\ -) & 2a - 4b \\ \hline \end{array}$$

ひく式の符号(ふごう)を変えて計算しよう！

今日はここまで！おつかれさま！

4 第1章　式の計算
多項式の計算②

月　日　　/10

解答　別冊1ページ

1 次の計算をしなさい。[1点×5]

(1) $7(2x+y)$

(2) $-2(-3a+4b-7)$

(3) $-2(5x+3y)$

(4) $\frac{5}{8}(-24a^2+12a-8)$

(5) $3(2x+4y-5)$

2 次の計算をしなさい。[1点×5]

(1) $(15x-20y)\div 5$

(2) $(-12x^2-8x+4)\div 2$

(3) $(18x-45y)\div(-3)$

(4) $(6x-7y-4z)\div\left(-\frac{1}{3}\right)$

(5) $(8x-10y)\div\frac{1}{2}$

なぞとき

次の計算をしよう！

$\frac{9}{2}\left(\frac{4}{3}x-\frac{2}{3}y-8\right)=6x-3y-$ ①

▶▶ p.3の①にあてはめよう

今日はここまで！おつかれさま！

5 第１章　式の計算
いろいろな計算①

月　　日

／10

解答　別冊２ページ

1 次の計算をしなさい。［１点×５］

(1) $4(3x+4y)+5(x-y)$　　(2) $-2(3x-y)+5(2x-y)$

(3) $4(2a-b)-3(a-4b)$　　(4) $5(x-3y+4)+3(-2x+4y-7)$

(5) $3(-2a-b+1)-2(a+4b-3)$

2 次の計算をしなさい。［１点×５］

(1) $x-y+\dfrac{x+3y}{2}$　　(2) $\dfrac{4}{9}a+\dfrac{2a+3b}{12}$

(3) $a+2b-\dfrac{2a+5b}{3}$　　(4) $\dfrac{x}{6}-\dfrac{3x+2y}{4}$

(5) $\dfrac{5}{2}a-\dfrac{2a-4b}{3}$

今日はここまで！おつかれさま！

6 第１章　式の計算
いろいろな計算②

/10

解答　別冊２ページ

1 次の計算をしなさい。［１点×４］

(1) $\dfrac{x-y}{4}+\dfrac{x+3y}{2}$

(2) $\dfrac{4b-2a}{3}+\dfrac{3a-2b}{4}$

(3) $\dfrac{5x+3y}{8}+\dfrac{x-y}{6}$

(4) $\dfrac{y-x}{4}-\dfrac{2x+y}{3}$

2 次の計算をしなさい。［２点×３］

(1) $4(x+4y)-(2x-3y)+2(2x-y)$

(2) $\dfrac{2a-b+1}{3}-\dfrac{2a+3b-5}{4}$

(3) $\dfrac{7a-b}{6}-\dfrac{2(2a-5b)}{15}$

今日はここまで！ おつかれさま！

7 第1章　式の計算
単項式の乗法・除法①

月　　日

点 / 10

解答　別冊2ページ

1 次の計算をしなさい。[1点×5]

(1) $4x \times 5y$

(2) $-6a \times (-9b)$

(3) $3x \times 4x$

(4) $(3x)^2$

(5) $(-4x)^2$

2 次の計算をしなさい。[1点×5]

(1) $12x^2 \div 4x$

(2) $48x^3y^2 \div (-6xy^2)$

(3) $45xy \div \frac{1}{9}x$

(4) $-6a^3 \div \frac{1}{2}a^2$

(5) $24x^2y^3 \div \left(-\frac{2}{9}xy\right)$

今日はここまで！おつかれさま！

8 第１章　式の計算
単項式の乗法・除法②

月　日

点 / 10

解答　別冊３ページ

1 次の計算をしなさい。［１点×５］

(1) $2x \times 3x^2 \div x^3$

(2) $8a^2 \times (-2a) \div 4a$

(3) $12x^3 \times (-2y) \div (-2x)^2$

(4) $(xy)^2 \div (-3xy) \times 6x$

(5) $6x \times (-2y)^2 \div 8xy$

2 次の計算をしなさい。［１点×５］

(1) $-2xy \times (-5x) \div \frac{1}{2}y$

(2) $9a^3b^2 \times \frac{a^2}{3} \div ab$

(3) $12x^3y^2 \times 6x^2y \div (-3xy)^2$

(4) $3ab^3 \div (-3b)^2 \times 6a$

(5) $\frac{12}{5}a \div (-2b)^2 \times ab$

今日はここまで！おつかれさま！

9 第１章　式の計算

式の値①

月　日

解答　別冊３ページ

1 $x=2$，$y=3$ のとき，次の式の値（あたい）を求めなさい。［１点×２］

(1) $4x+y$　　(2) $2x-3y$

2 $x=-4$，$y=2$ のとき，次の式の値を求めなさい。［１点×２］

(1) $5x+6y$　　(2) $x-4y$

3 $x=-3$，$y=-2$ のとき，次の式の値を求めなさい。［２点×２］

(1) $3x+2y^2$　　(2) x^2y-3x

4 $x=\frac{1}{2}$，$y=-\frac{2}{3}$ のとき，次の式の値を求めなさい。［２点］

$-6xy+3y$

なぞとき

$x=\frac{3}{2}$，$y=-\frac{4}{3}$ のとき，次の式の値を求めよう！

$3x-5y=\frac{②}{6}$

▶▶ p.3 の ② にあてはめよう

今日はここまで！おつかれさま！

10 第１章　式の計算
式の値②

月　日

点 / 10

解答　別冊３ページ

1 $x=-2$, $y=-3$ のとき，次の式の値（あたい）を求めなさい。［２点×２］

(1) $2(4x-3y)+3(3x+2y)$

(2) $5(2x-y)-2(3x+y)$

2 $x=2$, $y=-3$ のとき，次の式の値を求めなさい。［２点×２］

(1) $\frac{2}{3}x^2y\div(-2x^2y)^2$

(2) $\left(-\frac{2}{3}x^3y\right)^2\div\left(-\frac{4}{3}x^4y^3\right)\times 2xy^2$

3 $x=-4$, $y=2$ のとき，次の式の値を求めなさい。［２点］

$3(x+2y)+2(-2x+y)-5(x-3y)$

11 第1章　式の計算
文字式の利用①

月　日

解答　別冊4ページ

1 **nを整数として，次の(1)〜(4)をnを用いた式で表しなさい。**［1点×4］

(1) 偶数（ぐうすう）　(2) 奇数（きすう）　(3) 3の倍数　(4) 7で割ると2余る数

2 **2つの奇数の和は偶数になる。このことを次のように説明した。［　　］をうめなさい。**

［1点×4］

m，nを整数とすると，2つの奇数は

$2m+$［①　　　］，$2n+$［②　　　］と表され，その和は

$(2m+$［ ① ］$)+(2n+$［ ② ］$)$

$=2m+2n+$［③　　　］$=2($［④　　　　　］$)$

［ ④ ］は整数であるから，$2($［ ④ ］$)$は偶数である。

よって，2つの奇数の和は偶数になる。

3 **連続する3つの整数の和は3の倍数になる。このことを文字を使って説明しなさい。**

［2点］

今日はここまで！おつかれさま！

文字式の利用②

月　日

点 /10

解答　別冊4ページ

1 右のカレンダーで，図のように囲んだ5つの数の合計は，真ん中の数の5倍と等しくなる。このことを文字を使って説明しなさい。［5点］

日	月	火	水	木	金	土
	1	2	3	4	5	6
7	8	9	10	11	12	13
14	15	16	17	18	19	20
21	22	23	24	25	26	27
28	29	30	31			

2 右の図の円柱A，Bにおいて，Aの体積はBの体積の何倍か答えなさい。［5点］

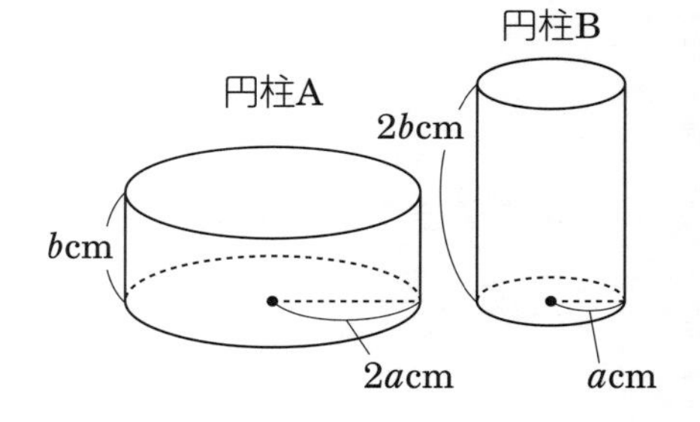

13 第１章　式の計算
等式の変形①

月　　日

/10

解答　別冊４ページ

1 次の等式を［　］内の文字について解きなさい。［１点×５］

(1) $3x-y=6$ $[y]$

(2) $x+4y=-7$ $[x]$

(3) $6x+2y=4$ $[y]$

(4) $4x+24y=-8$ $[x]$

(5) $-3x+5y=15$ $[y]$

2 次の等式を［　］内の文字について解きなさい。［１点×５］

(1) $\dfrac{x-2y}{3}=z$ $[y]$

(2) $m=6(a+b)$ $[a]$

(3) $S=\dfrac{1}{2}ah$ $[a]$

(4) $S=2\pi rh$ $[r]$

(5) $V=\pi r^2h$ $[h]$

今日はここまで！おつかれさま！

等式の変形②

月　日

解答 別冊4ページ

1 1個x円の桃(もも)を5個と1個y円のなしを8個買うと，合わせて1800円であった。

［1点×3］

(1) yをxの式で表しなさい。

(2) xをyの式で表しなさい。

(3) $y=100$のとき，xの値(あたい)を求めなさい。

2 家から駅まで，分速60mでxm歩いたあと，分速180mでym走ったら，12分かかった。［1点×3］

(1) yをxの式で表しなさい。

(2) $x=600$のときのyの値を求めなさい。

(3) $y=900$のときのxの値を求めなさい。

3 右のような台形ABCDの，上底と下底をそれぞれ3倍にし，高さを2倍にした台形EFGHの面積は，台形ABCDの面積の何倍になるか答えなさい。［4点］

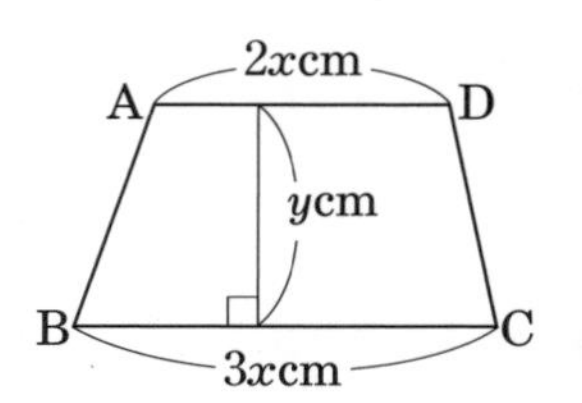

今日はここまで！おつかれさま！

15 第2章　連立方程式
連立方程式と解①

月　日

解答　別冊5ページ

1 次の問いに答えなさい。［2点×3，(1)(2)完答］

(1)　$x=0,\ 1,\ \cdots,\ 7$ であるとき，2元1次方程式 $x+y=8$ を成り立たせる x，y の値（あたい）の組を下の表にまとめなさい。

x	0	1	2	3	4	5	6	7
y								

(2)　$x=0,\ 1,\ \cdots,\ 7$ であるとき，$3x+2y=18$ を成り立たせる x，y の値の組を下の表にまとめなさい。

x	0	1	2	3	4	5	6	7
y								

(3)　連立方程式 $\begin{cases} x+y=8 \\ 3x+2y=18 \end{cases}$ の解を求めなさい。

2 2つの2元1次方程式 $2x+y=16$……①，$3x-4y=2$……②について，次の問いに答えなさい。［2点×2，(1)完答］

(1)　下の表は，①，②の解 x，y の組を示したものである。**ア**～**オ**の値をそれぞれ求めなさい。

①

x	1	2	ウ	エ	8
y	ア	イ	6	4	オ

②

x	-2	イ	6	エ	14
y	ア	1	ウ	7	オ

(2)　連立方程式 $\begin{cases} 2x+y=16 \\ 3x-4y=2 \end{cases}$ の解を求めなさい。

今日はここまで！おつかれさま！

16

第2章　連立方程式

連立方程式と解②

/10

解答　別冊5ページ

1 2元1次方程式 $x+2y=8$ について，次のア〜オの x，y の組から，解になるものをすべて選びなさい。［2点(完答)］

ア $\begin{cases} x=-3 \\ y=6 \end{cases}$　イ $\begin{cases} x=-2 \\ y=5 \end{cases}$　ウ $\begin{cases} x=4 \\ y=2 \end{cases}$　エ $\begin{cases} x=7 \\ y=1 \end{cases}$　オ $\begin{cases} x=10 \\ y=-1 \end{cases}$

2 2元1次方程式 $2x-5y=9$ について，次のア〜オの x，y の組から，解になるものをすべて選びなさい。［2点(完答)］

ア $\begin{cases} x=-4 \\ y=8 \end{cases}$　イ $\begin{cases} x=0 \\ y=2 \end{cases}$　ウ $\begin{cases} x=2 \\ y=-1 \end{cases}$　エ $\begin{cases} x=7 \\ y=1 \end{cases}$　オ $\begin{cases} x=12 \\ y=4 \end{cases}$

3 次の連立方程式の解をア〜エから選び，記号で答えなさい。［2点×3］

(1) $\begin{cases} x-2y=4 \\ x+y=7 \end{cases}$

ア $\begin{cases} x=-4 \\ y=-4 \end{cases}$　イ $\begin{cases} x=2 \\ y=5 \end{cases}$　ウ $\begin{cases} x=4 \\ y=0 \end{cases}$　エ $\begin{cases} x=6 \\ y=1 \end{cases}$

(2) $\begin{cases} x+3y=1 \\ 2x-y=9 \end{cases}$

ア $\begin{cases} x=-2 \\ y=1 \end{cases}$　イ $\begin{cases} x=4 \\ y=-1 \end{cases}$　ウ $\begin{cases} x=6 \\ y=3 \end{cases}$　エ $\begin{cases} x=8 \\ y=7 \end{cases}$

(3) $\begin{cases} 2x-y=8 \\ 3x+y=12 \end{cases}$

ア $\begin{cases} x=3 \\ y=-2 \end{cases}$　イ $\begin{cases} x=5 \\ y=-3 \end{cases}$　ウ $\begin{cases} x=4 \\ y=0 \end{cases}$　エ $\begin{cases} x=7 \\ y=6 \end{cases}$

今日はここまで！ おつかれさま！

17 第2章　連立方程式
加減法①

月　　日

/10

解答　別冊6ページ

1 次の連立方程式を加減法で解きなさい。［1点×6］

(1) $\begin{cases} 4x-3y=26 \\ x+3y=-1 \end{cases}$

(2) $\begin{cases} x-2y=10 \\ 3x+2y=6 \end{cases}$

(3) $\begin{cases} x-3y=7 \\ 2x+3y=2 \end{cases}$

(4) $\begin{cases} x-y=-5 \\ x+2y=13 \end{cases}$

(5) $\begin{cases} 2x-3y=11 \\ 2x-4y=16 \end{cases}$

(6) $\begin{cases} 7x+5y=-18 \\ 3x+5y=-2 \end{cases}$

2 次の連立方程式を加減法で解きなさい。［1点×4］

(1) $\begin{cases} 3x-y=6 \\ 2x+3y=-7 \end{cases}$

(2) $\begin{cases} 5x+y=14 \\ 3x-2y=-2 \end{cases}$

(3) $\begin{cases} 3x+2y=18 \\ x+y=7 \end{cases}$

(4) $\begin{cases} x+2y=1 \\ 5x+9y=6 \end{cases}$

今日はここまで！おつかれさま！

加減法②

月　日

/10

解答　別冊6ページ

1 次の連立方程式を加減法で解きなさい。［1点×10］

(1) $\begin{cases} 3x+2y=4 \\ 2x-5y=9 \end{cases}$

(2) $\begin{cases} 2x+7y=8 \\ 3x+5y=1 \end{cases}$

(3) $\begin{cases} 3x+4y=-1 \\ 2x-5y=-16 \end{cases}$

(4) $\begin{cases} 2x+3y=9 \\ 3x-2y=7 \end{cases}$

(5) $\begin{cases} 4x+3y=1 \\ 7x+5y=2 \end{cases}$

(6) $\begin{cases} -3x+4y=-7 \\ 5x+2y=16 \end{cases}$

(7) $\begin{cases} 4x-3y=-1 \\ 5x-2y=4 \end{cases}$

(8) $\begin{cases} 3x-4y=10 \\ 4x+3y=5 \end{cases}$

(9) $\begin{cases} 3x-5y=21 \\ -4x+3y=-17 \end{cases}$

(10) $\begin{cases} -6x-5y=10 \\ 4x+9y=16 \end{cases}$

xかyのどちらかの係数をそろえよう！

今日はここまで！おつかれさま！

代入法①

月　　日

解答　別冊６ページ

1 連立方程式 $\begin{cases} 3x - y = 1 \cdots ① \\ x - 2y = 12 \cdots ② \end{cases}$ について次の問いに答えなさい。［１点×２］

(1)　①を y について解きなさい。

(2)　連立方程式を代入法で解きなさい。

2 連立方程式 $\begin{cases} x + 2y = 3 \cdots ① \\ 4x + 5y = 6 \cdots ② \end{cases}$ について次の問いに答えなさい。［１点×２］

(1)　①を x について解きなさい。

(2)　連立方程式を代入法で解きなさい。

3 次の連立方程式を代入法で解きなさい。［１点×６］

(1)　$\begin{cases} y = -4x + 1 \\ 2x - y = 11 \end{cases}$

(2)　$\begin{cases} x = 2y + 20 \\ 3x + y = 4 \end{cases}$

(3)　$\begin{cases} x + 3y = 11 \\ y = 2x - 1 \end{cases}$

(4)　$\begin{cases} 5x - 6y = 9 \\ y = x - 3 \end{cases}$

(5)　$\begin{cases} x - 2y = 7 \\ 3x + 4y = 1 \end{cases}$

(6)　$\begin{cases} 4x - 3y = 18 \\ x + 2y = -1 \end{cases}$

今日はここまで！おつかれさま！

20 第2章　連立方程式
代入法②

月　日

点 / 10

解答　別冊7ページ

1 次の連立方程式を代入法で解きなさい。［1点×10］

(1) $\begin{cases} x = y + 1 \\ x + 2y = 13 \end{cases}$

(2) $\begin{cases} 15x - 2y = 0 \\ y = 7x + 1 \end{cases}$

(3) $\begin{cases} x + 19y = 3 \\ 5x - 8y = 15 \end{cases}$

(4) $\begin{cases} 3x - 4y = 1 \\ -2x + y = 6 \end{cases}$

(5) $\begin{cases} y = 2x - 8 \\ y = -3x + 12 \end{cases}$

(6) $\begin{cases} x = 2y + 4 \\ x = -y + 7 \end{cases}$

(7) $\begin{cases} x = -3y \\ 10 - 5y = x \end{cases}$

(8) $\begin{cases} 3x - 10 = y \\ y = x - 3 \end{cases}$

(9) $\begin{cases} 2x - 3y = 5 \\ 3y = x - 7 \end{cases}$

(10) $\begin{cases} 4x + 9y = 11 \\ 4x = -5y + 15 \end{cases}$

なぞとき

連立方程式 $\begin{cases} 11x = -3y + 37 \\ 11x - 7y = -13 \end{cases}$ を解こう！

$x = 2$，$y =$ ③

▶▶ p.3の③にあてはめよう

今日はここまで！おつかれさま！

第2章　連立方程式

いろいろな連立方程式の解き方①

月　日

解答　別冊7ページ

1 次の連立方程式を解きなさい。［1点×4］

(1) $\begin{cases} 4(x+y)-x=7 \\ x-2y=9 \end{cases}$

(2) $\begin{cases} 3x+4y=-2 \\ 2x+3y=6(x+6) \end{cases}$

(3) $\begin{cases} 2x-(x-2y)=1 \\ 8x-(y-3x)=11 \end{cases}$

(4) $\begin{cases} 7x-2(x+y)=19 \\ 3x+4(x-2y)=11 \end{cases}$

2 次の連立方程式を解きなさい。［2点×3］

(1) $\begin{cases} \dfrac{5}{2}x+y=\dfrac{7}{2} \\ 3x+4y=7 \end{cases}$

(2) $\begin{cases} x+3y=-6 \\ \dfrac{x}{3}-\dfrac{y-1}{2}=1 \end{cases}$

(3) $\begin{cases} \dfrac{x}{7}+\dfrac{5y-2}{4}=0 \\ \dfrac{x+7}{7}-\dfrac{3y-6}{2}=-1 \end{cases}$

式を整理してから解こう！

今日はここまで！おつかれさま！

22 第２章　連立方程式
いろいろな連立方程式の解き方②

月　日

/10

解答　別冊８ページ

1 次の連立方程式を解きなさい。［１点×４］

(1) $\begin{cases} 0.2x + 0.3y = 0.1 \\ 5x + 2y = 8 \end{cases}$

(2) $\begin{cases} 0.5x - 1.4y = 8 \\ -x + 2y = -12 \end{cases}$

(3) $\begin{cases} 0.03x - 0.05y = -0.21 \\ 2x + 3y = 5 \end{cases}$

(4) $\begin{cases} -7x + 8y = -3 \\ 0.04x - 0.05y = 0 \end{cases}$

2 次の方程式を解きなさい。［２点×３］

(1) $4x + 3y = 3x + y = 5$

(2) $3x + 4y = 2x + 3y = 18$

(3) $-3x + 2y = 6x - 7y = 2$

今日はここまで！おつかれさま！

23 第2章 連立方程式
連立方程式の利用①

月　日

/10

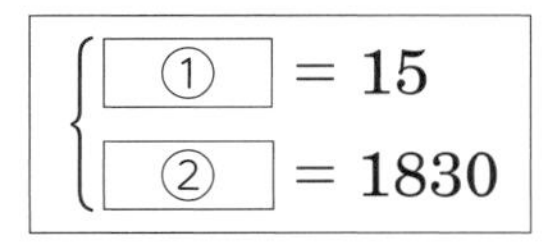

解答　別冊8ページ

1 **1個90円のりんごと1個150円のなしをあわせて15個買い，1830円払(はら)った。**

［2点×2(各完答)］

(1)　りんごをx個，なしをy個買ったとして，連立方程式をつくるとき，右の□にあてはまる式を答えなさい。

$$\begin{cases} \boxed{①} = 15 \\ \boxed{②} = 1830 \end{cases}$$

(2)　買ったりんごとなしの個数をそれぞれ求めなさい。

2 **ある博物館の入館料は，子ども5人と大人4人で2100円，子ども7人と大人3人で2160円である。**［2点×2(各完答)］

(1)　入館料を，子ども1人x円，大人1人y円として連立方程式をつくるとき，右の□にあてはまる式を答えなさい。

$$\begin{cases} \boxed{①} = 2100 \\ \boxed{②} = 2160 \end{cases}$$

(2)　子ども1人の入館料と大人1人の入館料をそれぞれ求めなさい。

3 **2けたの整数がある。各位の数の和は12で，十の位の数と一の位の数を入れかえると，もとの整数より18小さくなる。もとの整数を求めなさい。**［2点］

十の位がa，一の位がbの数は，$10a+b$と表せるよ。

今日はここまで！おつかれさま！

24 連立方程式の利用②

月　日

点 /10

解答　別冊８ページ

1 **A地点から2800m離(はな)れたB地点へ行くのに，はじめは分速80mで歩き，途中(とちゅう)からは分速200mで走ったところ，23分かかった。**［１点×２，⑴完答］

⑴　歩いた時間をx分，走った時間をy分として連立方程式をつくるとき，右の□にあてはまる式を答えなさい。

$$\begin{cases} \boxed{①} = 23 \\ \boxed{②} = 2800 \end{cases}$$

⑵　走った時間を求めなさい。

2 **A地点から峠(とうげ)を越(こ)えてB地点までを往復した。上り坂は分速80m，下り坂は分速100mで歩いたところ，行きは13分，帰りは14分かかった。**

［２点×２，⑴完答］

⑴　A地点から峠までをxm，峠からB地点までをymとして連立方程式をつくるとき，右の□にあてはまる式を答えなさい。

$$\begin{cases} \boxed{①} = 13 \\ \boxed{②} = 14 \end{cases}$$

⑵　A地点からB地点までの道のりを求めなさい。

3 **ある列車が，長さ500mの鉄橋を渡(わた)り始めてから渡り終えるまで26秒かかる。また，長さ950mのトンネルを通過するとき，列車全体がトンネル内にあったのは32秒だった。**［２点×２(各完答)］

⑴　列車の速さを秒速xm，列車の長さをymとして連立方程式をつくるとき，右の□にあてはまる式を答えなさい。

$$\begin{cases} \boxed{①} = 26x \\ \boxed{②} = 32x \end{cases}$$

⑵　列車の速さと長さをそれぞれ求めなさい。

今日はここまで！おつかれさま！

25 第3章 1次関数

1次関数

月　日

/10

解答 別冊9ページ

1 水が 4L 入っている水槽(すいそう)に毎分 6L の割合で水を入れる。水を入れ始めてからx分後の水の量をyLとする。［2点×2，(1)完答］

(1) 下の表の空欄(くうらん)をうめなさい。

x(分後)	0	1	2	3	4	5
y(L)	4		16	22		

(2) yをxの式で表しなさい。

2 次の式の中から1次関数の式をすべて選び，記号で答えなさい。［1点(完答)］

ア $y=6x$　イ $xy=-12$　ウ $y=-3x+4$　エ $y=\dfrac{6}{x}$　オ $y=4x^2$

3 次の(1)〜(5)について，yをxの式で表し，yがxの1次関数であるか答えなさい。

［1点×5(各完答)］

(1) 縦 5cm，横$x$cmの長方形の周りの長さは$y$cm

(2) 1辺の長さが$x$cmの立方体の表面積は$y\text{cm}^2$

(3) 1個120円のりんごをx個買って，1500円出すとおつりはy円になる。

(4) 分速200mでx分間走ると，ym進む。

(5) 200L入る空の水槽に毎分xLの割合で水を入れると，y分で水槽はいっぱいになる。

なぞとき

火をつけると1分間に0.4cmずつ短くなる長さ15cmのろうそくがある。x分後のろうそくの長さを$y$cmとするとき，yをxの式で表すと？

$y=-0.4x+$④

▶▶ p.3の④にあてはめよう

今日はここまで！おつかれさま！

26 第3章　1次関数
1次関数の値の変化

月　日

解答　別冊9ページ

1 **1次関数 $y = 2x - 3$ について次の問いに答えなさい。** [2点×3，(1)完答]

(1)　右の表の空欄(くうらん)をうめなさい。

x	0	1	2	3	4	5
y	-3		1		5	

(2)　x の増加量が 1 のときの y の増加量を求めなさい。

(3)　x が 3 から 7 まで増加したときの y の増加量を求めなさい。

2 **次の1次関数について，x の値(あたい)が 2 から 6 まで増加するときの y の増加量を求めなさい。** [1点×2]

(1)　$y = 2x - 7$

(2)　$y = -\frac{1}{4}x + 6$

3 **1次関数 $y = 4x + 3$ について次の問いに答えなさい。** [1点×2]

(1)　x の増加量が $\frac{1}{2}$ のとき，y の増加量を求めなさい。

(2)　y の増加量が 20 のとき，x の増加量を求めなさい。

(変化の割合) $= \dfrac{(y\text{の増加量})}{(x\text{の増加量})}$　だよ！

今日はここまで！おつかれさま！

27 第3章　1次関数
1次関数のグラフ①

点
/10

月　日

解答　別冊9ページ

1 **1次関数 $y=3x+2$ について次の問いに答えなさい。**［1点×3,（1）完答］

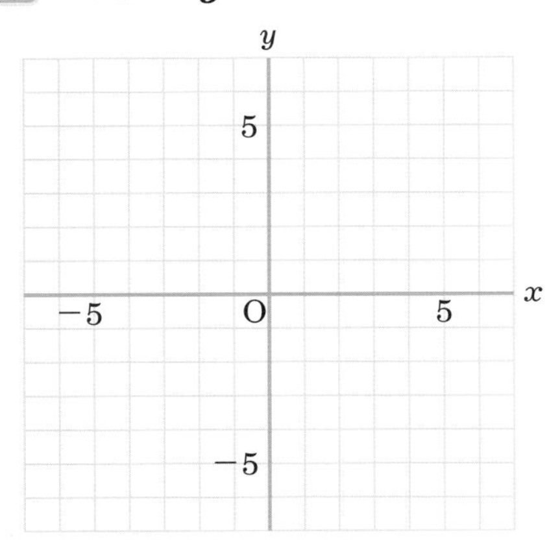

（1）下の表の空欄（くうらん）をうめなさい。

x	-2	-1	0	1	2	3
y						

（2）グラフをかきなさい。

（3）（2）は $y=3x$ のグラフをどの方向にどれだけ平行移動させたグラフか答えなさい。

2 **次の1次関数のグラフの切片を求めなさい。**［1点×2］

（1）$y=4x+5$　　（2）$y=-\dfrac{1}{2}x-\dfrac{2}{5}$

3 **次の1次関数のグラフの傾（かたむ）きを求めなさい。**［1点×2］

（1）$y=-x-3$　　（2）$y=\dfrac{7}{2}x-\dfrac{1}{3}$

4 **次の（　　）にあてはまる数を答えなさい。**［1点×3］

$y=3x-1$ のグラフは，傾き（①　　　），切片（②　　　）の直線で，この直線は，右へ1進むと，上へ（③　　　）進む。

今日はここまで！おつかれさま！

28 第3章　1次関数
1次関数のグラフ②

月　日

点 / 10

解答　別冊10ページ

1 **次の1次関数のグラフをかきなさい。** [1点×2]

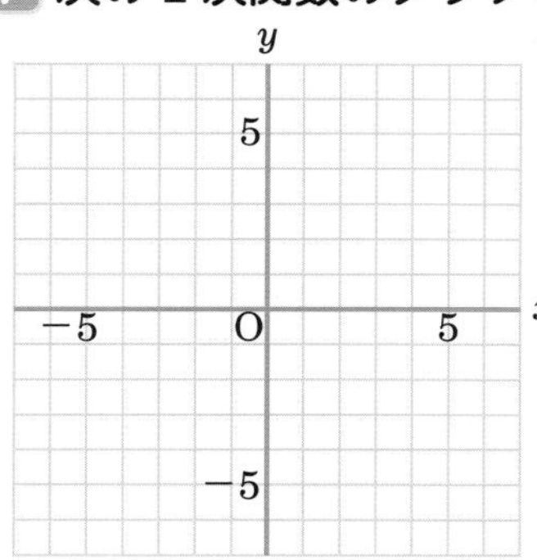

(1)　$y = x - 3$

(2)　$y = -2x + 1$

2 **次の1次関数のグラフをかきなさい。** [2点×2]

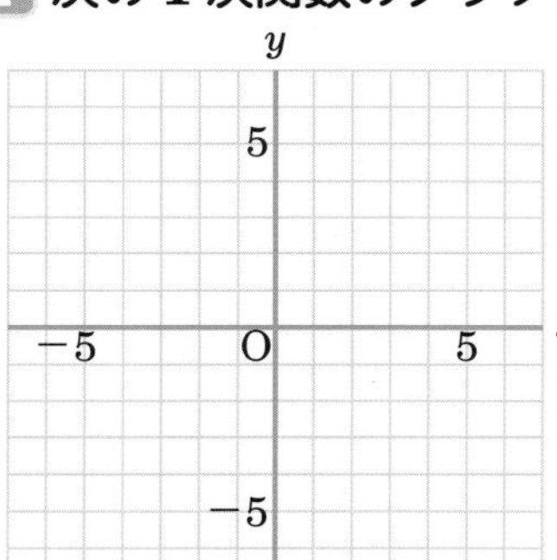

(1)　$y = \frac{2}{3}x - 3$

(2)　$y = -\frac{1}{2}x - 2$

3 **1次関数 $y = 2x - 1$ $(-2 \leqq x \leqq 2)$ について次の問いに答えなさい。** [2点×2]

(1)　グラフをかきなさい。

(2)　yの変域を求めなさい。

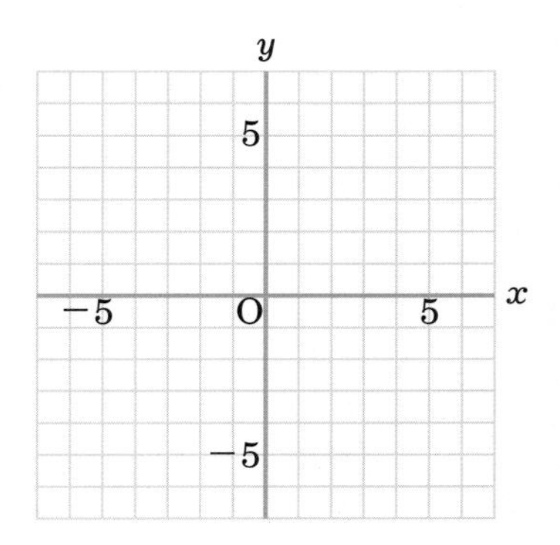

第３章　１次関数
１次関数の式の求め方①

月　日

／10

解答　別冊 10 ページ

1 下の直線①～④はそれぞれある１次関数のグラフである。これらの関数の式を求めなさい。［１点×４］

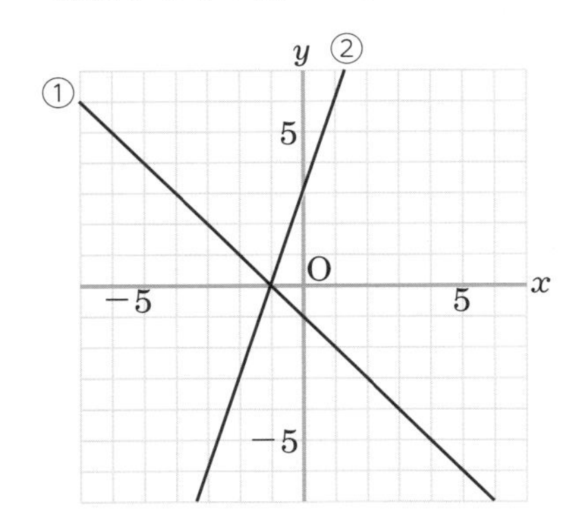

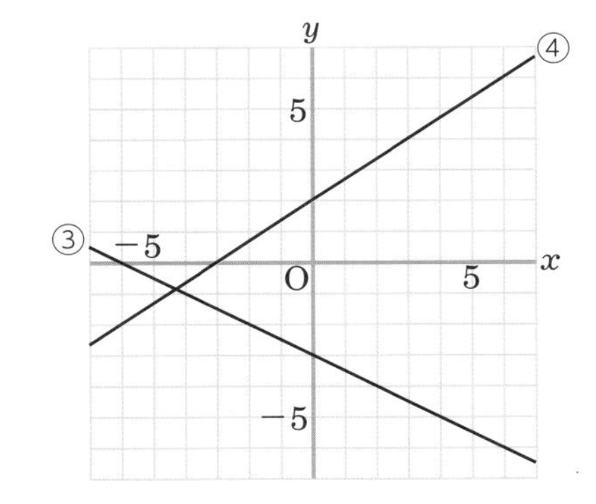

2 次のような１次関数の式を求めなさい。［２点×３］

(1)　変化の割合が -2 で，$x=1$ のとき，$y=5$

(2)　グラフの傾き(かたむ)きが -1 で，点 $(6,\ -1)$ を通る。

(3)　グラフの傾きが $\dfrac{7}{2}$ で，点 $(-4,\ -9)$ を通る。

なぞとき

変化の割合が $-\dfrac{1}{3}$ で，$x=-3$ のとき $y=2$ である１次関数の式は？

$y=-\dfrac{1}{3}x+$ ⑤

▶▶ p.3 の ⑤ にあてはめよう

今日はここまで！おつかれさま！

30 第3章　1次関数
1次関数の式の求め方②

月　日

解答　別冊10ページ

1 次の2点を通る直線の式を求めなさい。［1点×4］

(1)　$(1,\ 4)$，$(5,\ 0)$

(2)　$(-1,\ 2)$，$(1,\ -4)$

(3)　$(1,\ 7)$，$(4,\ -2)$

(4)　$(-4,\ 9)$，$(2,\ -6)$

2 グラフが次の条件を満たす1次関数の式をそれぞれ求めなさい。［2点×2］

(1)　xの値(あたい)が2増加するときyの値は6増加し，$x=4$のとき$y=7$である。

(2)　直線$y=2x-4$に平行で，点$(-1,\ 3)$を通る。

3 右の直線はある1次関数のグラフである。この関数の式を求めなさい。［2点］

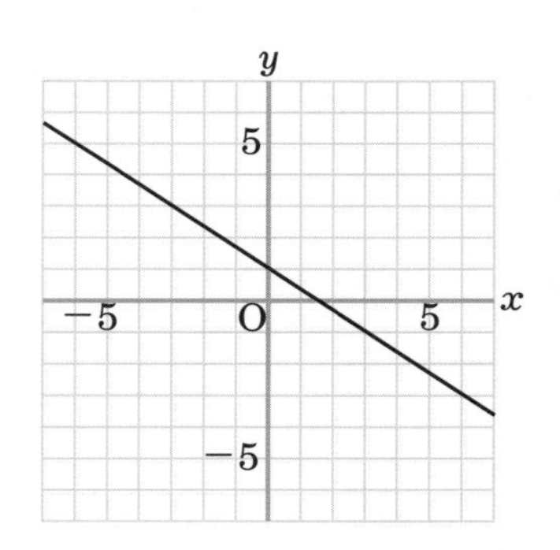

今日はここまで！おつかれさま！

31 第3章 1次関数
1次関数と方程式①

月　日

点 / 10

解答　別冊11ページ

1 次の方程式のグラフをかきなさい。[1点×2]

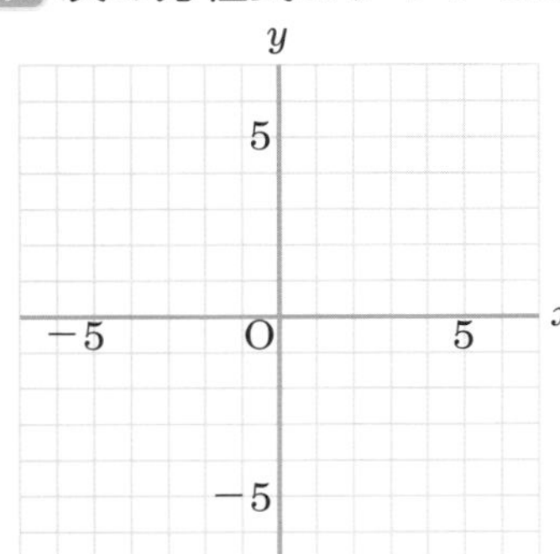

(1)　$2x-y=-3$

(2)　$5x+3y=-15$

2 次の方程式のグラフをかきなさい。[2点×2]

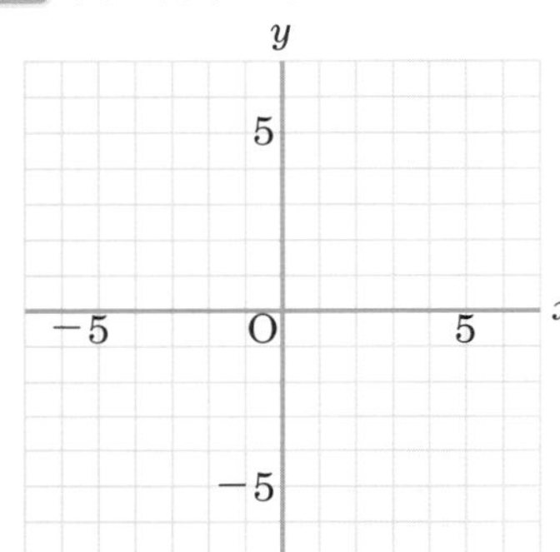

(1)　$3x+y+4=0$

(2)　$2x-3y+9=0$

3 次の方程式のグラフをかきなさい。[2点×2]

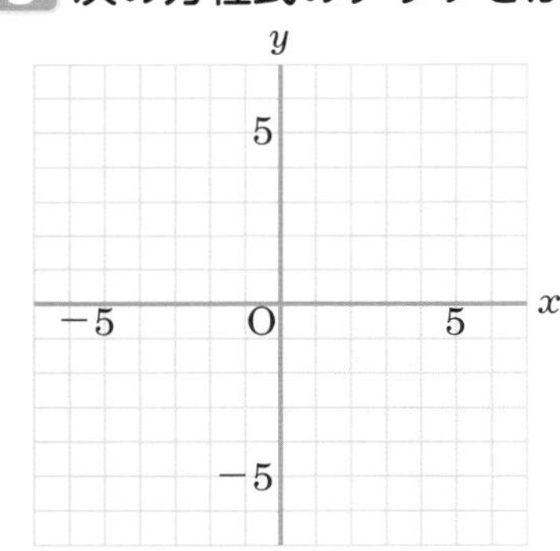

(1)　$2x=2$

(2)　$3y=-6$

$x=$(定数)，$y=$(定数)のようになるときは，グラフはどんな形になるのかな？

今日はここまで！おつかれさま！

32 第3章 1次関数
1次関数と方程式②

月　日

解答 別冊11ページ

1 連立方程式 $\begin{cases} 2x - y = -2 \cdots① \\ x + y = -4 \cdots② \end{cases}$ の解を，方程式のグラフをかいて求めなさい。［2点］

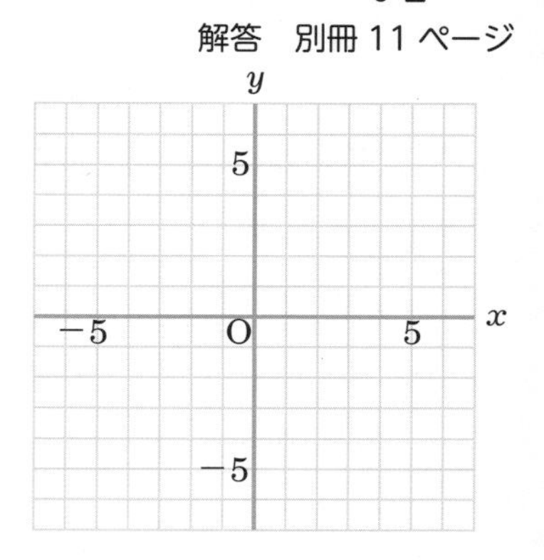

2 次の2直線の交点の座標を求めなさい。［2点×2］

(1) $\begin{cases} 3x + y = 1 \\ x - 2y = 5 \end{cases}$

(2) $\begin{cases} 2x - y = 1 \\ x + y = 5 \end{cases}$

3 次の2直線の交点の座標を求めなさい。［2点×2］

(1) 直線①と②

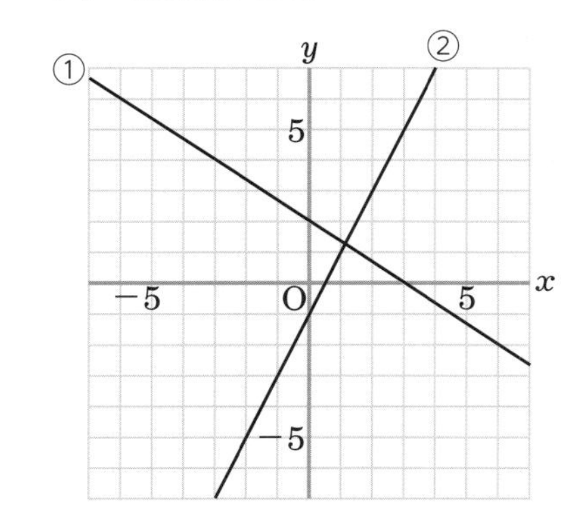

(2) 直線③と④

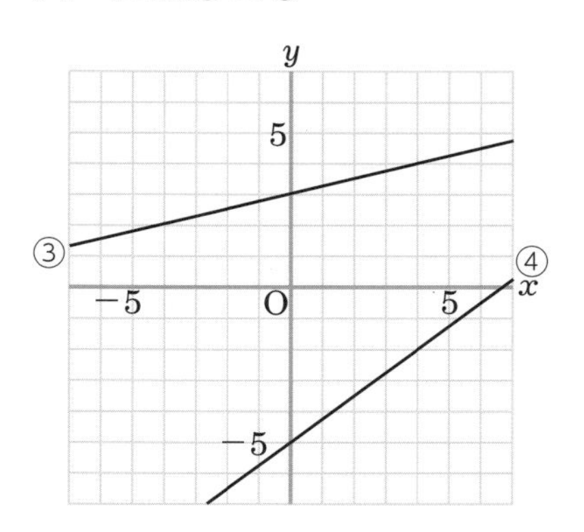

2つの直線の式を連立方程式で解いて求めよう！

今日はここまで！おつかれさま！

33 第3章　1次関数
1次関数の利用①

月　日

点 / 10

解答　別冊 11 ページ

1 **ろうそくが，一定の速さで短くなるように燃えている。火をつけてから4分後の長さは19cm，8分後の長さは13cmだった。火をつけてからx分後のろうそくの長さを$y$cmとする。**［2点×2］

(1)　yをxの式で表しなさい。

(2)　ろうそくの長さが7cmになるのは何分後ですか。

2 **Aさんは5時に家を出発して，2700m離(はな)れた図書館まで一定の速さで歩いて向かった。右の図は，Aさんが家を出発してからx分後の家との道のりをymとして，xとyの関係をグラフに表したものである。**［2点×3］

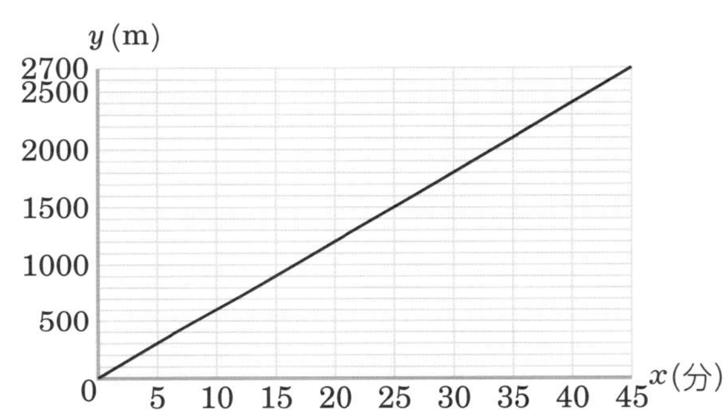

(1)　Aさんの歩く速さは分速何mですか。

(2)　Aさんが家を出てから20分後，姉が家を出発して分速140mでAさんを追いかけた。5時x分の姉と家との道のりをymとして，姉がAさんに追いつくまでのxとyの関係を上のグラフに表しなさい。

(3)　姉がAさんに追いつくのは，家から何mの地点ですか。

今日はここまで！おつかれさま！

1次関数の利用②

月　日

解答 別冊12ページ

1 **右のような長方形の辺上を，点Pは秒速1cmでB→C→Dと動く。点Pが頂点Bを出発してからx秒後の△ABPの面積を$y$cm^{2}とする。** ［2点×3，(1)各完答］

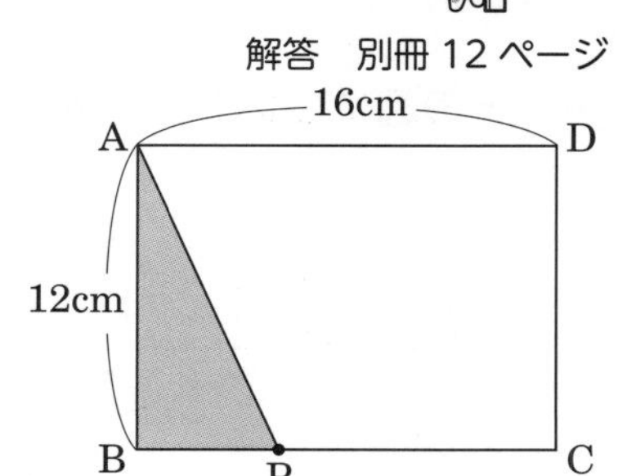

(1) 次のとき，yをxの式で表しなさい。
また，xの変域をそれぞれ求めなさい。

① 点Pが辺BC上を動くとき

② 点Pが辺CD上を動くとき

(2) 点Pが頂点Bを出発してから10秒後の△ABPの面積を求めなさい。

2 **右のような長方形の辺上を，点Pは秒速2cmでA→B→C→Dと動く。点Pが頂点Aを出発してからx秒後の△ADPの面積を$y$cm^{2}とする。** ［2点×2，(1)完答］

12cm
A D
8cm
P
B C

(1) 点Pが辺AB上を動くとき，yをxの式で表しなさい。また，xの変域を求めなさい。

(2) xとyの関係を表すグラフを下の図にかきなさい。

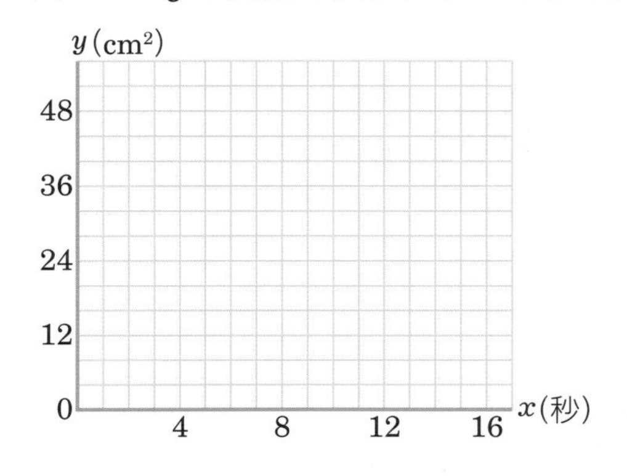

今日はここまで！おつかれさま！

35 第４章　図形の性質と合同
直線と角

月　　日

解答　別冊 12 ページ

1 下の図について，$\angle a \sim \angle c$ の大きさを求めなさい。［１点×３］

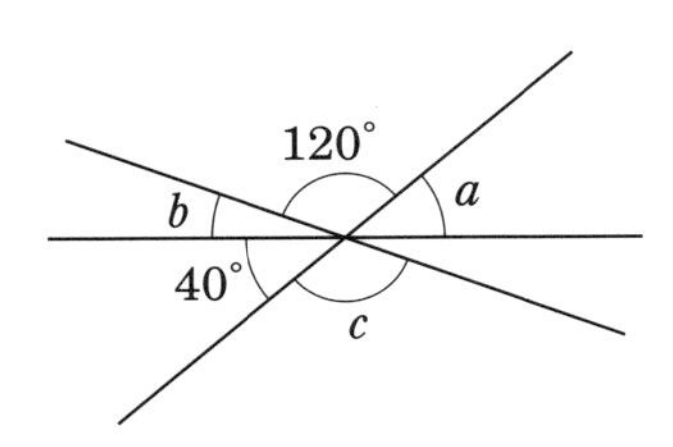

2 右の図で，直線 ℓ，m，n のうち，平行な 2 直線の組を答えなさい。［１点］

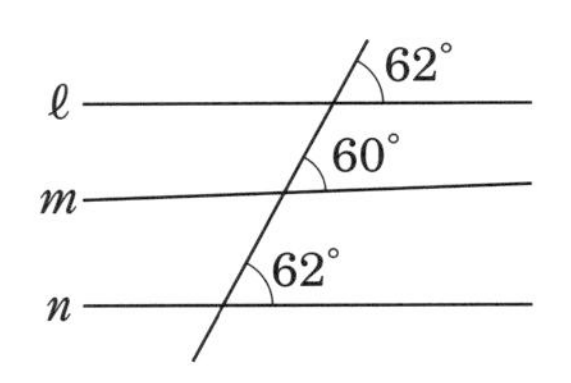

3 次の図で，$\ell /\!/ m$ のとき，$\angle x$ の大きさを求めなさい。［１点×２］

(1)

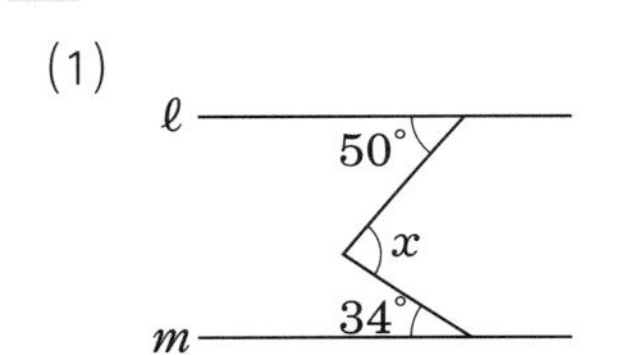

(2)

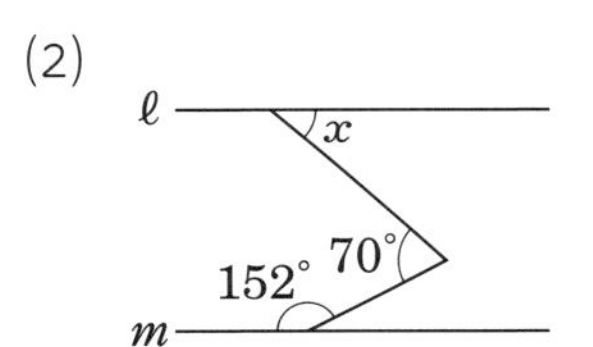

4 次の図で，$\ell /\!/ m$ のとき，$\angle x$ の大きさを求めなさい。［２点×２］

(1)

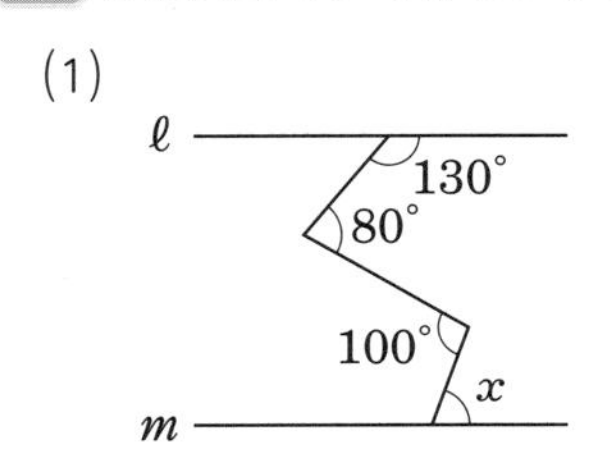

(2)

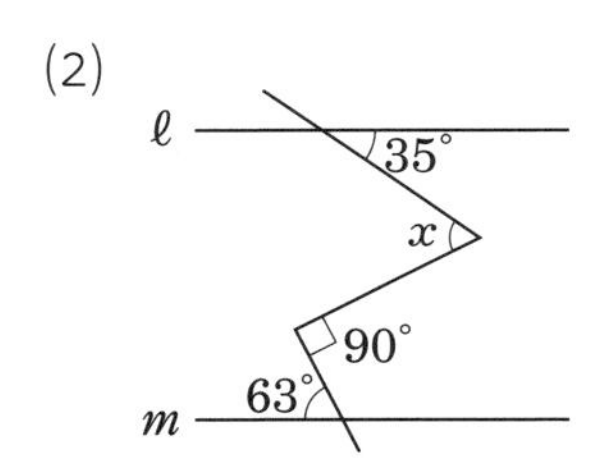

直線 ℓ，m に平行な補助線をひいて考えよう。

今日はここまで！おつかれさま！

三角形の角①

月　日

点 / 10

解答　別冊 12 ページ

1 次の図で，$\angle x$ の大きさを求めなさい。［1点×6］

(1)

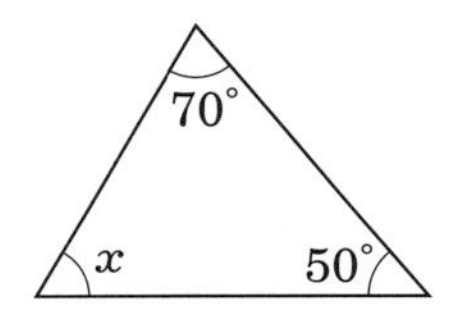

(2)

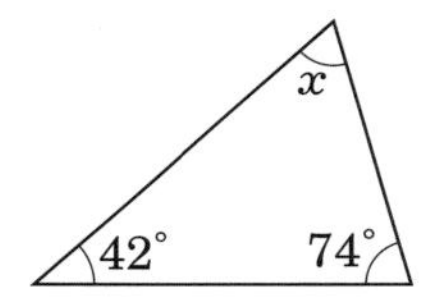

(3)

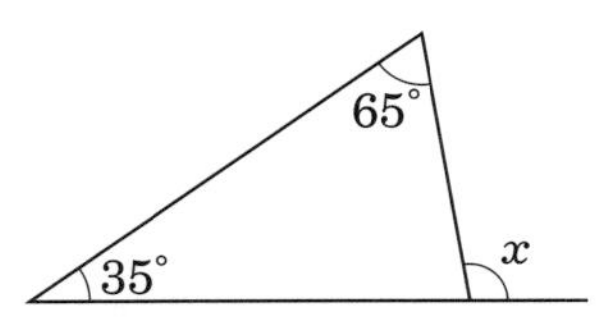

(4)

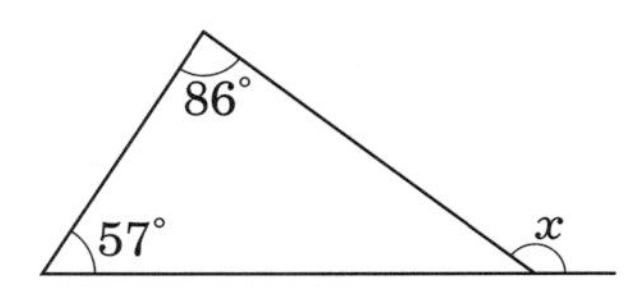

(5)

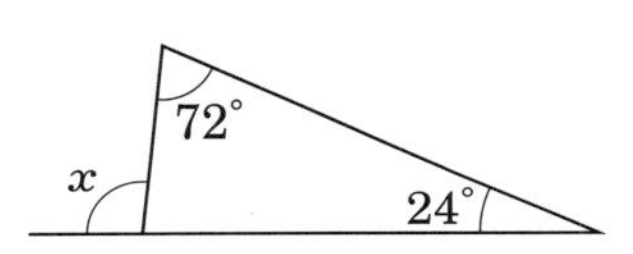

(6)

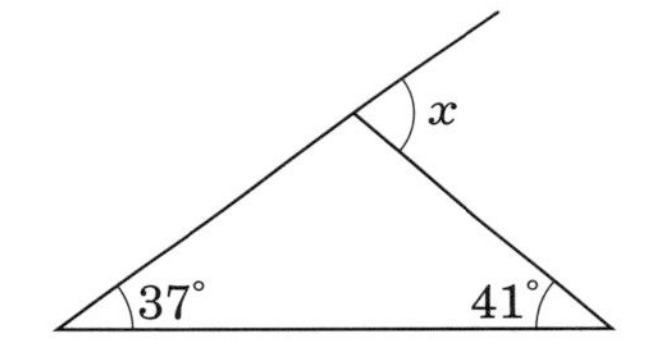

2 次の図で，$\angle x$ の大きさを求めなさい。［2点×2］

(1)

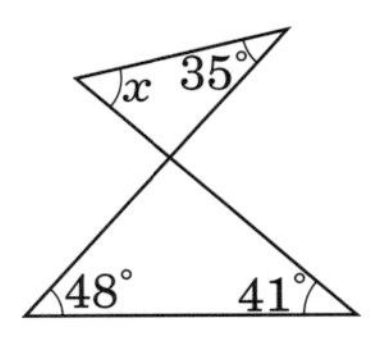

(2)

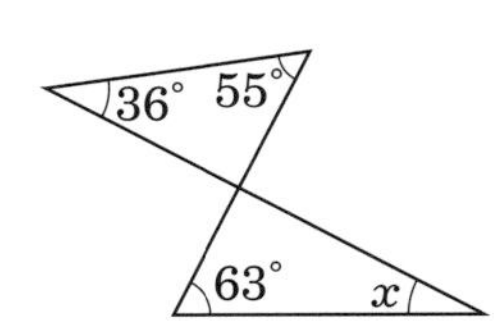

なぞとき

右の図の $\angle x$ の大きさは？

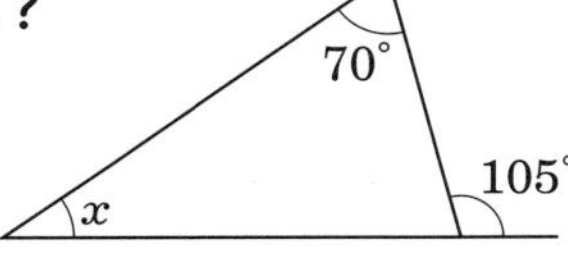

$\angle x =$ ⑥ °

▶▶ p.3 の ⑥ にあてはめよう

今日はここまで！おつかれさま！

三角形の角②

月　日

解答　別冊 12 ページ

1 △ABC の 2 つの内角が次のようなとき，△ABC は鋭角(えいかく)三角形(さんかくけい)，直角三角形，鈍角(どんかく)三角形(さんかくけい)のどれになりますか。［2点×2］

(1)　50°，60°　　　(2)　45°，45°

2 次の図で，$\angle x$ の大きさを求めなさい。［1点×6］

(1)

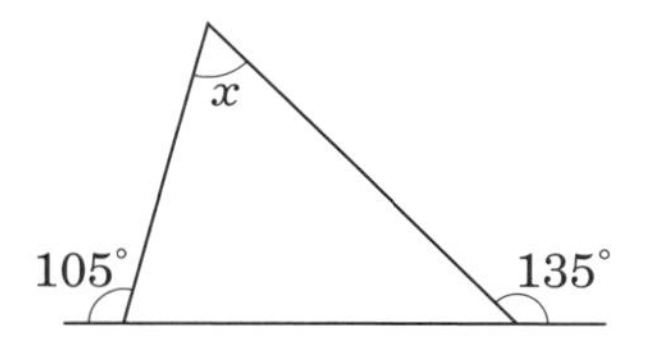

(2)

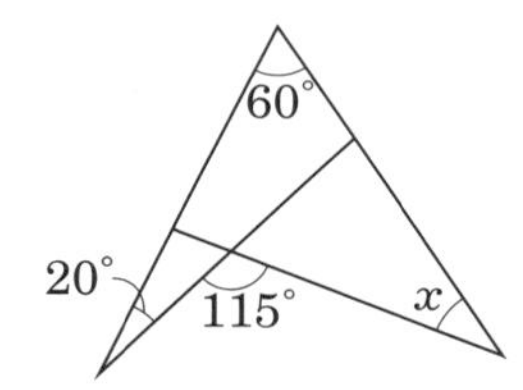

(3)　$\ell \parallel m$

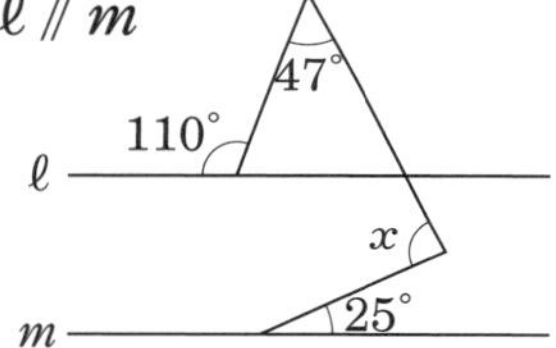

(4)

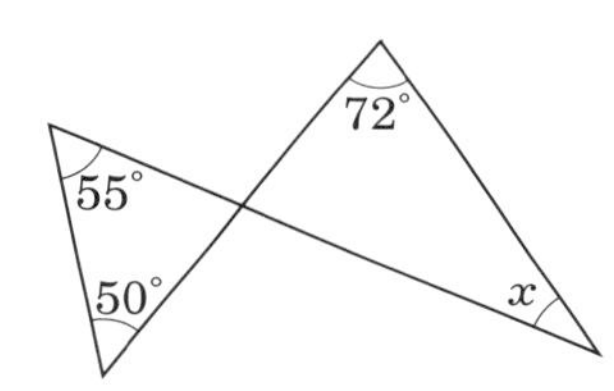

(5)

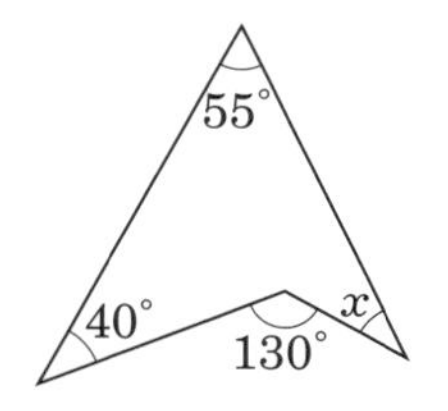

(6)

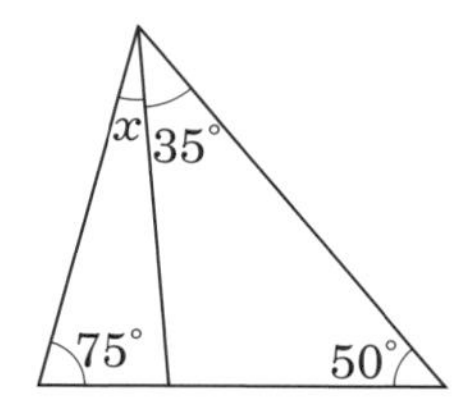

三角形の内角の和は 180° だね。

今日はここまで！おつかれさま！

38 第４章　図形の性質と合同
多角形の内角と外角①

月　　日

点 / 10

解答　別冊 13 ページ

1 次の問いに答えなさい。［１点×４］

(1)　十角形の内角の和を求めなさい。

(2)　十三角形の内角の和を求めなさい。

(3)　正九角形の 1 つの内角の大きさを求めなさい。

(4)　正十五角形の 1 つの内角の大きさを求めなさい。

2 次の図で，$\angle x$ の大きさを求めなさい。［２点×３］

(1)

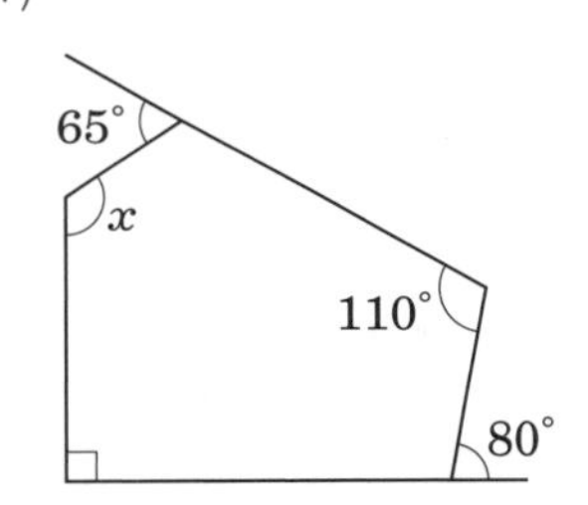

(2)

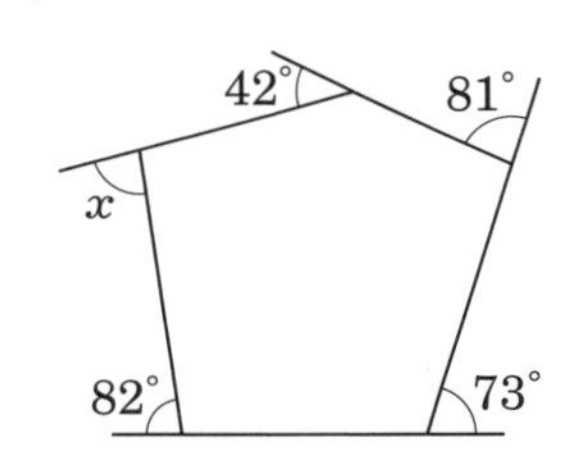

(3)

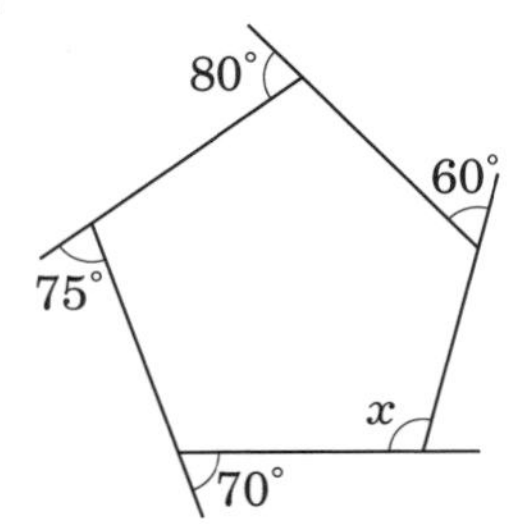

今日はここまで！ おつかれさま！

39 第4章　図形の性質と合同
多角形の内角と外角②

月　日

/10

解答　別冊 13 ページ

1 次の図で，$\angle x$ の大きさを求めなさい。ただし，$\ell /\!/ m$ とする。［２点×４］

(1)

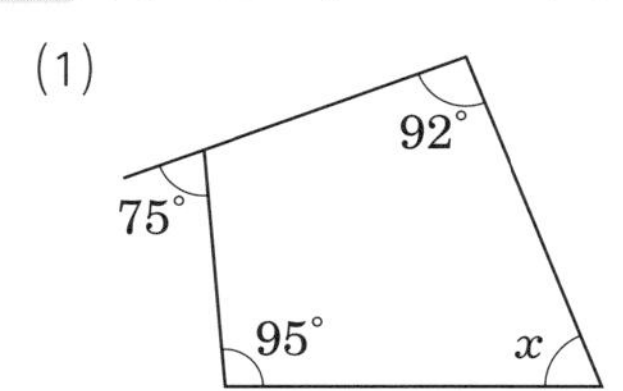

(2)

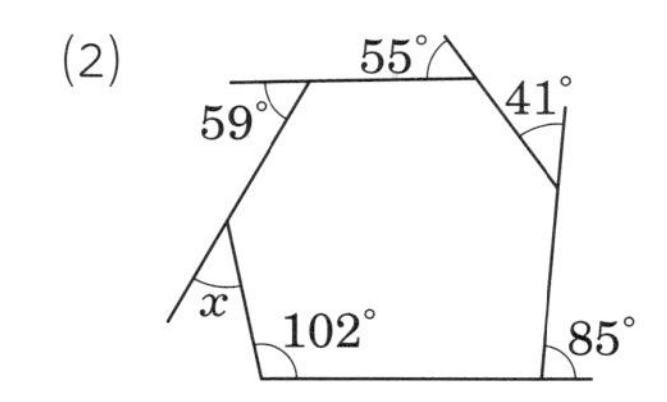

(3)

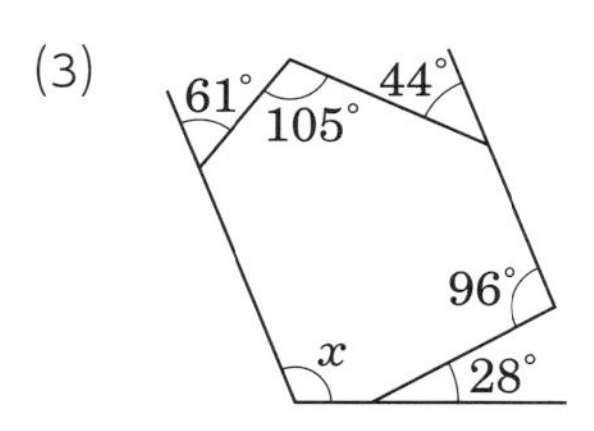

(4)

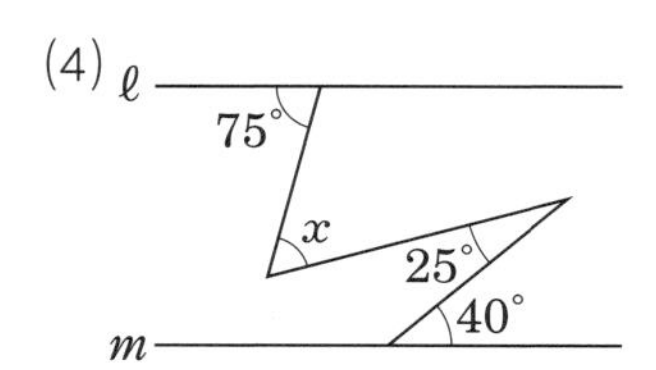

2 次の図で，同じ印をつけた角の大きさが等しいとき，$\angle x$ の大きさを求めなさい。

［１点×２］

(1)

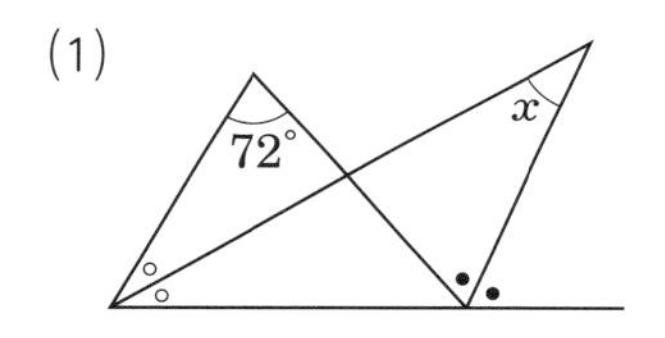

(2)

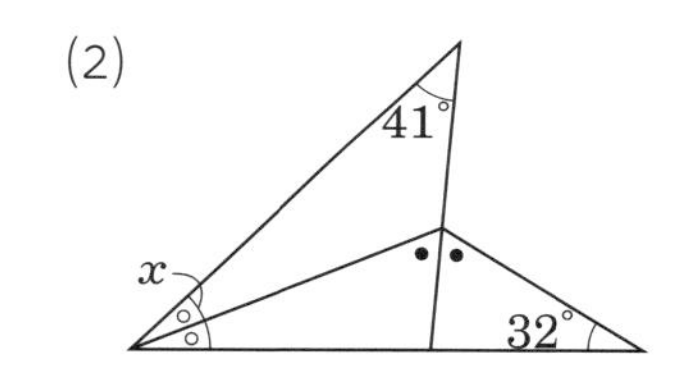

なぞとき

右の図で，印をつけた角の大きさの和を求めよう！

角の大きさの和は ⑦ °

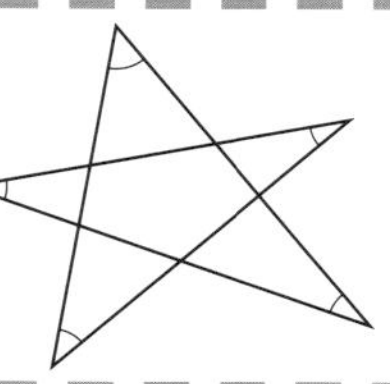

▶▶ p.3 の ⑦ にあてはめよう

今日はここまで！おつかれさま！

40 第4章　図形の性質と合同
三角形の合同

月　日

点 / 10

解答　別冊13ページ

1 右の図は，$\angle A = \angle D$ の合同な三角形である。［1点×3］

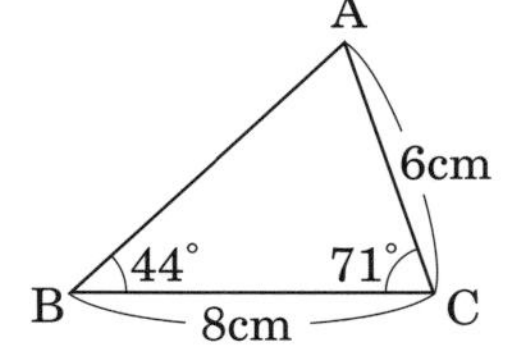

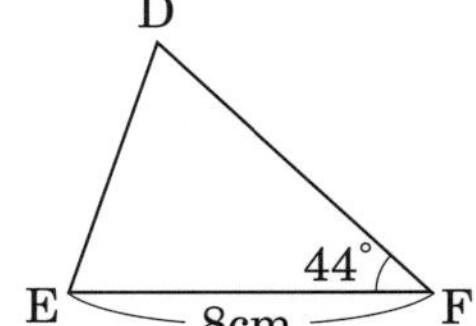

(1)　合同であることを「≡」を使って表しなさい。

(2)　辺DEの長さを求めなさい。

(3)　$\angle$EDFの大きさを求めなさい。

2 右の図において，$\triangle ABC \equiv \triangle DCB$ であるとき，次の(1)～(4)に対応する辺や角を答えなさい。［1点×4］

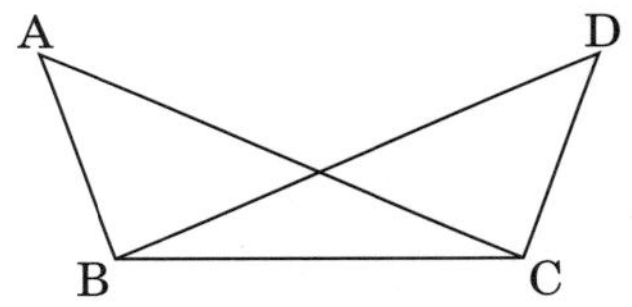

(1)　辺AB

(2)　$\angle A$

(3)　辺DB

(4)　$\angle$ACB

3 右の図において，次の問いに答えなさい。［1点×3］

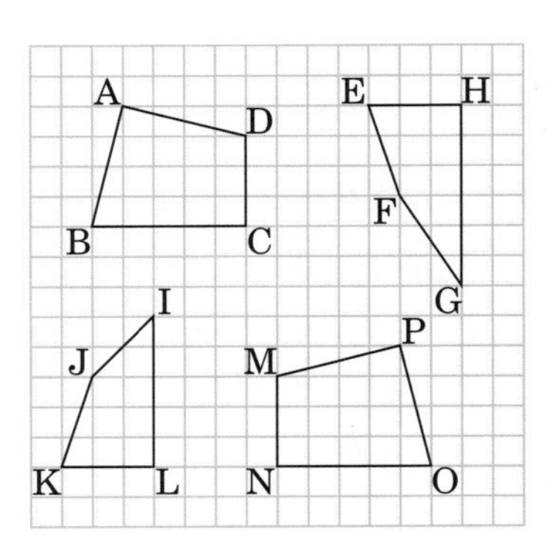

(1)　四角形ABCDと合同な四角形を答えなさい。

(2)　(1)の四角形で，点Dに対応する点を答えなさい。

(3)　(1)の四角形で，辺ABに対応する辺を答えなさい。

今日はここまで！おつかれさま！

41 第4章　図形の性質と合同
三角形の合同条件①

/10

解答　別冊 14 ページ

1 三角形の合同条件について説明した次の文の(　　)にあてはまることばを書きなさい。［1点×3(順不同)］

2つの三角形は，次のどれかが成り立つときに合同である。

・(①　　　　　　　　　　　　　　)がそれぞれ等しいとき

・(②　　　　　　　　　　　　　　)がそれぞれ等しいとき

・(③　　　　　　　　　　　　　　)がそれぞれ等しいとき

2 下の三角形の中から，合同な三角形の組を3組選び，そのときに使った合同条件を答えなさい。［2点×3(各完答)］

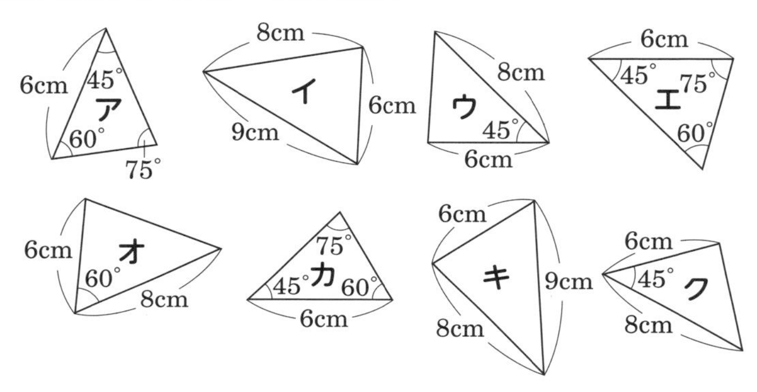

3 △ABCと△DEFで，必ず△ABC≡△DEFになるものを，次のア～エからすべて選びなさい。［1点(完答)］

ア　∠A＝∠D，∠B＝∠E，∠C＝∠F

イ　AB＝DE，BC＝EF，∠B＝∠E

ウ　AB＝DE，∠A＝∠D，∠B＝∠E

エ　AB＝DE，AC＝DF，∠B＝∠E

今日はここまで！おつかれさま！

42 第4章　図形の性質と合同

三角形の合同条件②

月　日

解答　別冊14ページ

1 次の図で，合同な三角形を「≡」を使って表し，そのとき使った合同条件を答えなさい。同じ記号がついた辺や角は等しいとする。［1点×5(各完答)］

(1)

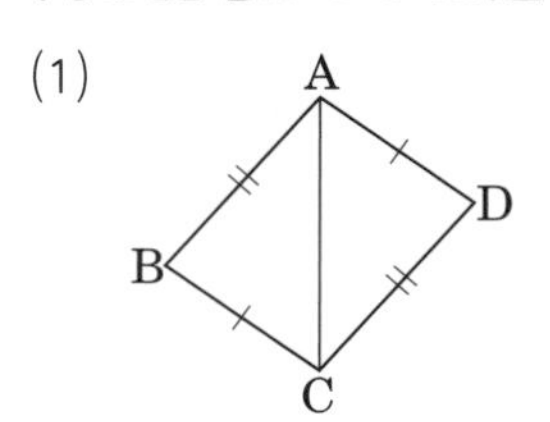

(2)

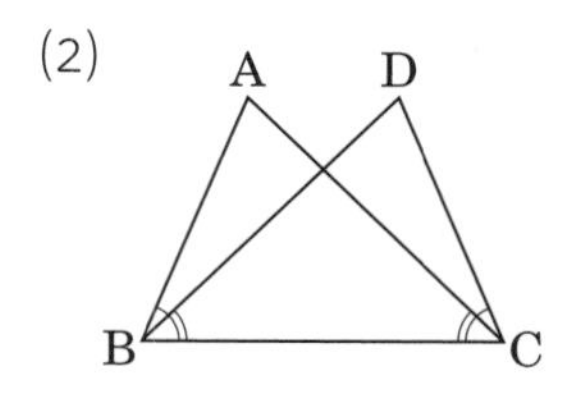

(3)

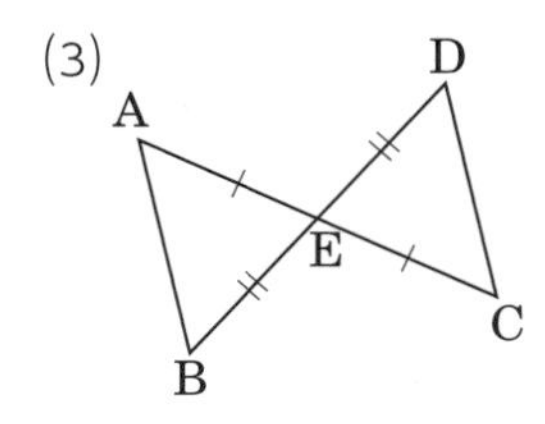

(4)

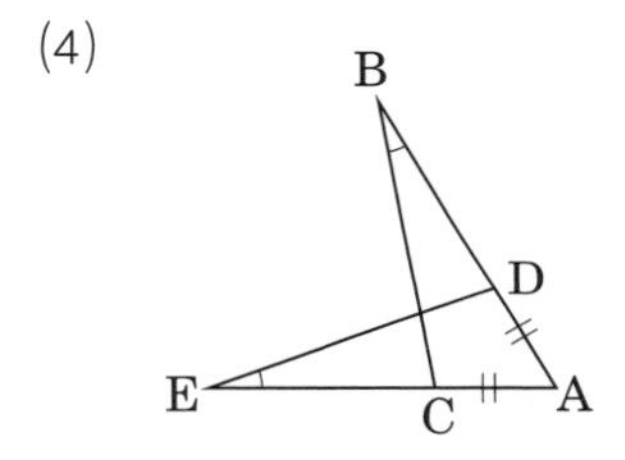

(5)

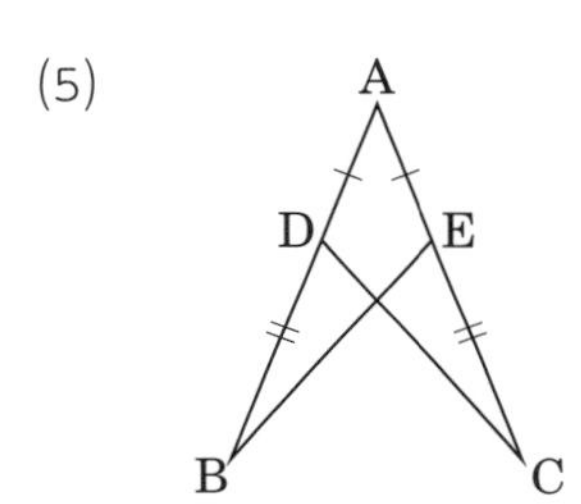

2 次の2つの三角形で，合同であるものを，次のア～オからすべて選びなさい。

［5点(完答)］

ア　ともに1つの辺が4cm，2つの角が60°，70°である三角形。

イ　1辺の長さが6cmである2つの正三角形。

ウ　3つの辺の長さがそれぞれ2cm，3cm，4cmである三角形。

エ　等しい辺の長さがともに7cmである2つの二等辺三角形。

オ　3つの角がそれぞれ，45°，60°，75°である三角形。

今日はここまで！おつかれさま！

43 第4章　図形の性質と合同
証明①

月　　日

解答　別冊 15 ページ

1 **右の図で，次の2つが成り立つ。このことがらの仮定と結論を書きなさい。**［1点×2］

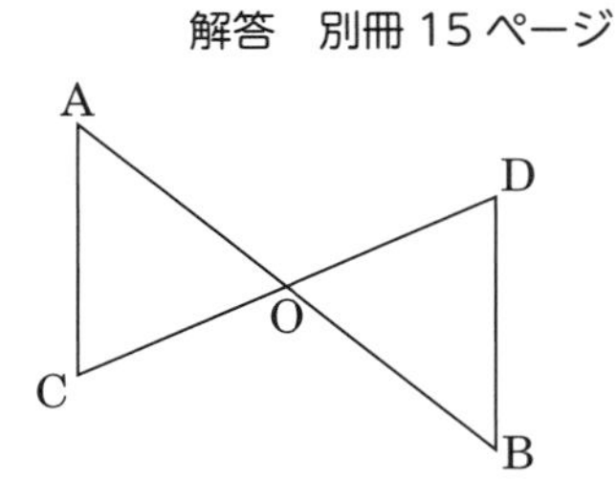

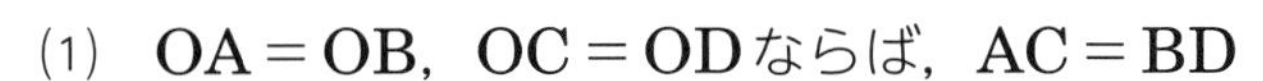

(1)　OA＝OB，OC＝ODならば，AC＝BD

(2)　OA＝OB，∠A＝∠Bならば，OC＝OD

2 **右の図で，AC＝DB，∠ACB＝∠DBCならば，AB＝DCである。このことを証明する。**［1点×2］

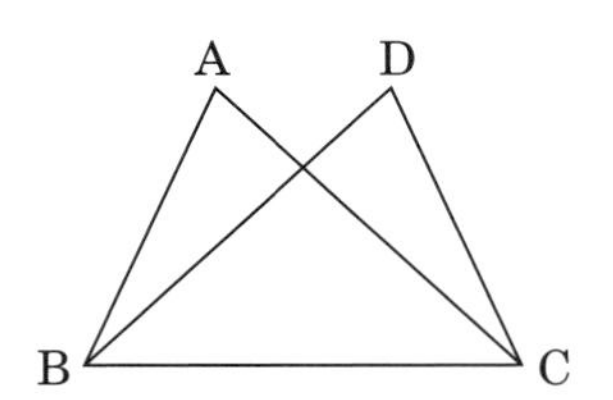

(1)　仮定と結論を答えなさい。

(2)　どの三角形とどの三角形の合同がいえればよいか答えなさい。

3 **2を次のように証明した。（　　）をうめなさい。**［1点×6］

［証明］　△(①　　　　)と△(②　　　　)において，

仮定より，AC＝(③　　　　)…(i)，∠ACB＝∠(④　　　　)…(ii)

共通な辺だから，BC＝(⑤　　　　)…(iii)

(i)，(ii)，(iii)より，(⑥　　　　　　　　　　　　)がそれぞれ等しいから，

△(①)≡△(②)

合同な図形の対応する辺は等しいから，AB＝DC

44 第4章　図形の性質と合同
証明②

月　日

点 /10

解答　別冊15ページ

1 右の図で，点Oが線分AB，CDの中点であるとき，AC＝BDであることを次のように証明した。(　　) をうめなさい。[2点×4]

[証明]　△AOCと△BODにおいて，

仮定より，AO＝BO…(i)，CO＝(①　　　　)…(ii)

対頂角は等しいから，∠AOC＝∠(②　　　　)…(iii)

(i)，(ii)，(iii)より，(③　　　　　　　　　　　　　　　　)がそれぞれ等しいから，

△AOC≡△BOD

対応する(④　　　　)は等しいから，AC＝BD

2 右の図で，AB＝CD，AB∥CDのとき，AO＝COであることを証明しなさい。[2点]

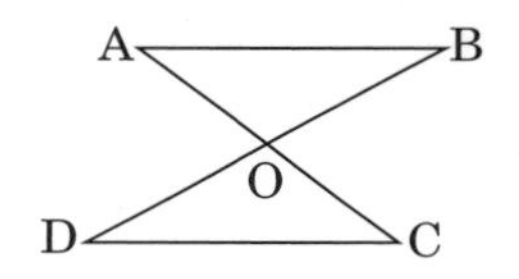

今日はここまで！おつかれさま！

証明③

月　日

点 /10

解答　別冊 15 ページ

1 **右の図のように，∠BACの二等分線上に点Pをとる。点PからAB，ACに垂線PD，PEをひくとき，△PAD≡△PAEであることを次のように証明した。(　　)をうめなさい。**［２点×４］

［証明］　△PADと△PAEにおいて，

仮定より，∠PAD＝∠(①　　　　)…(i)，∠PDA＝∠(②　　　　)…(ii)

(i)，(ii)より，∠APD＝∠(③　　　　)…(iii)

共通な辺だから，PA＝PA…(iv)

(i)，(iii)，(iv)より，(④　　　　　　　　　　　　　　　　)がそれぞれ等しいから，

△PAD≡△PAE

2 **右の図において，AB＝ACで，点D，EはそれぞれAB，ACの中点であるとき，∠B＝∠Cであることを証明しなさい。**

［２点］

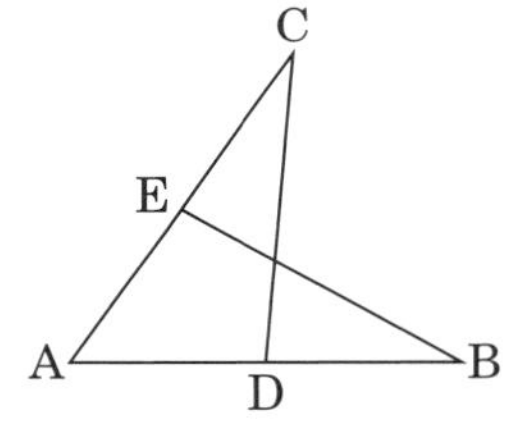

今日はここまで！おつかれさま！

46 第４章　図形の性質と合同
証明④

月　　日

解答　別冊 15 ページ

1 **右の四角形ACDEと四角形CBFGが正方形であるとき，△ACG≡△DCBであることを次のように証明した。(　　)をうめなさい。**［２点×４］

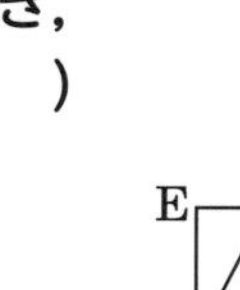

［証明］　△ACGと△DCBにおいて，

四角形ACDEと四角形CBFGは正方形だから，

AC＝(①　　　　)…(ⅰ)，CG＝(②　　　　)…(ⅱ)，

∠ACG＝∠(③　　　　)…(ⅲ)

(ⅰ)，(ⅱ)，(ⅲ)より，(④　　　　　　　　　　　　　　　　)がそれぞれ等しいから，

△ACG≡△DCB

2 **右のように正方形ABCDの対角線ACの延長上に点Eをとり，DEを１辺とする正方形DEFGをつくるとき，△AED≡△CGDであることを証明しなさい。**［２点］

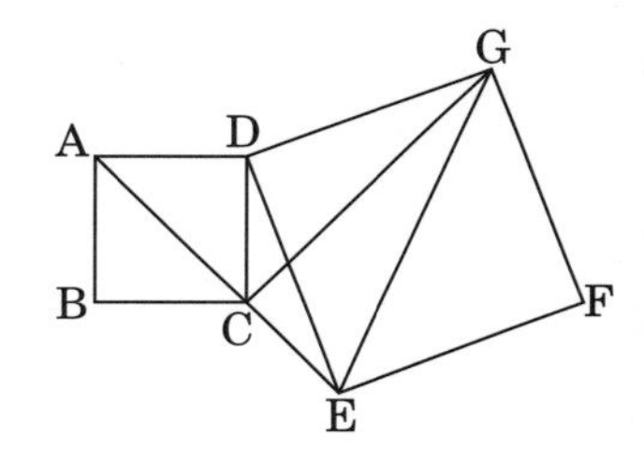

今日はここまで！おつかれさま！

47 第５章　三角形と四角形
二等辺三角形の性質①

月　日

解答　別冊 16 ページ

1 二等辺三角形について，(　　)をうめなさい。 [①２点，②～④各１点]

定義　(①　　　　　　　　　　　　　　　)を二等辺三角形という。

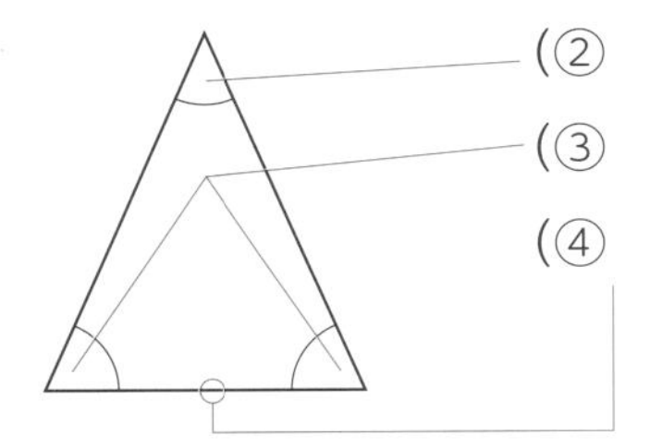

(②　　　　　　)・・・二等辺三角形の等しい辺の間の角

(③　　　　　　)・・・二等辺三角形の底辺の両端(りょうたん)の角

(④　　　　　　)・・・二等辺三角形の頂角に対する辺

2 次の二等辺三角形の定理について，(　　)をうめなさい。 [１点×３]

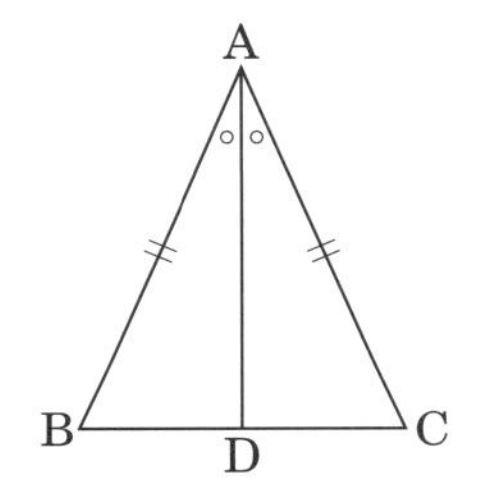

２つの底角は等しい。

→　右の図の△ABCで，∠B＝(①　　　　　)

頂角の二等分線は底辺を垂直に２等分する。

→　右の図の△ABCで，

AD(②　　　)BC，BD＝(③　　　　)

3 右のAB＝ACの二等辺三角形ABCの２つの底角が等しいことを証明するとき，次の問いに答えなさい。 [１点×２，(1)完答]

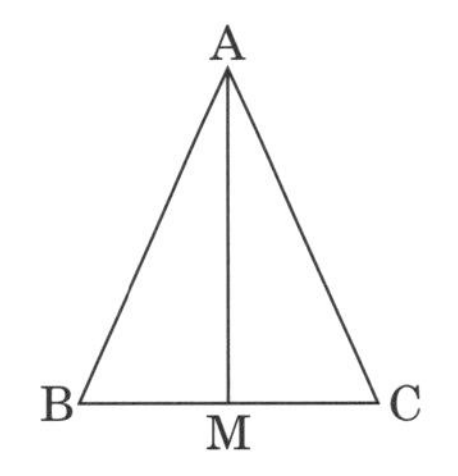

(1)　仮定と結論を書きなさい。

(2)　辺BCの中点をMとするとき，どの三角形とどの三角形の合同を証明すればよいですか。

48 第5章　三角形と四角形
二等辺三角形の性質②

月　日

/10

解答　別冊 16 ページ

1 **右の AB＝AC の二等辺三角形 ABC で，頂角の二等分線は底辺を垂直に 2 等分することを証明するとき，∠A の二等分線と BC との交点を D として，次の問いに答えなさい。**［1点×2，(1)完答］

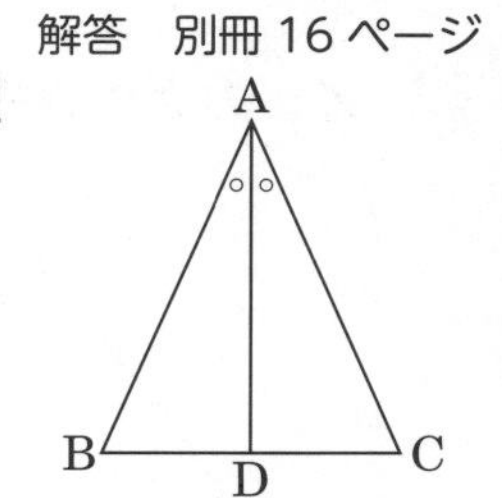

(1)　仮定と結論を書きなさい。

(2)　どの三角形とどの三角形の合同を証明すればよいですか。

2 **1 を次のように証明した。(　　)をうめなさい。**［2点×4］

［証明］　△ABD と△ACD において，

仮定より，AB＝AC…(i)，∠BAD＝∠CAD…(ii)

共通な辺だから，AD＝AD…(iii)

(i)，(ii)，(iii)より，(①　　　　　　　　　　　　　)がそれぞれ等しいので，

△ABD≡△ACD

対応する辺と角はそれぞれ等しいから，BD＝(②　　　　　)…(iv)

∠BDA＝∠(③　　　　　)＝(④　　　　　)°

よって，AD⊥BC…(v)

(iv)，(v)より，二等辺三角形の頂角の二等分線は，底辺を垂直に 2 等分する。

今日はここまで！おつかれさま！

二等辺三角形の性質③

月　日

解答　別冊 16 ページ

1 $\angle x$ の大きさを求めなさい。ただし，同じ印のついた辺の長さは等しいものとする。
［１点×４］

(1)

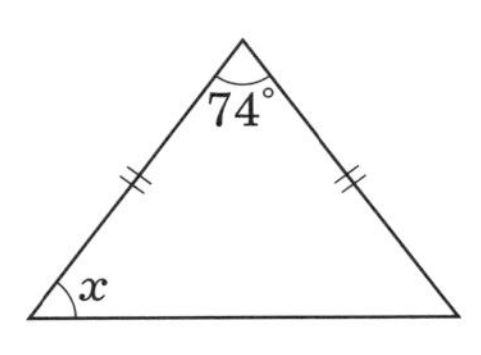

(2)

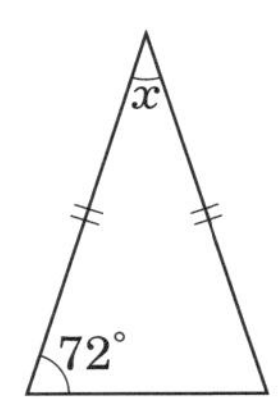

(3)

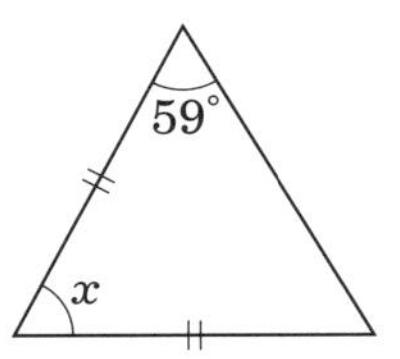

(4)

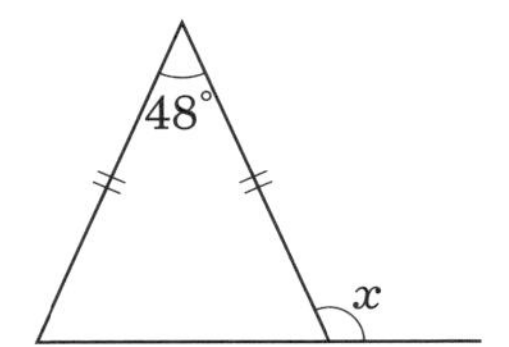

2 $\angle x$ の大きさを求めなさい。ただし，$\ell /\!/ m$ で，同じ印のついた辺の長さは等しいものとする。［２点×３］

(1)

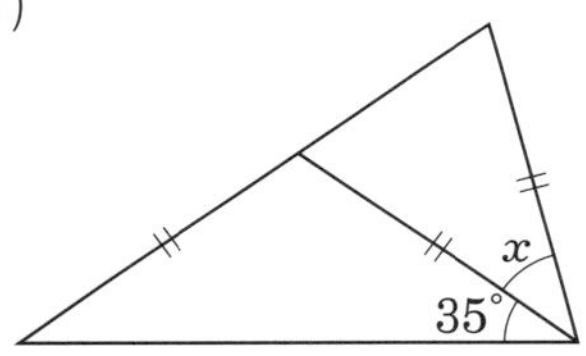

(2)

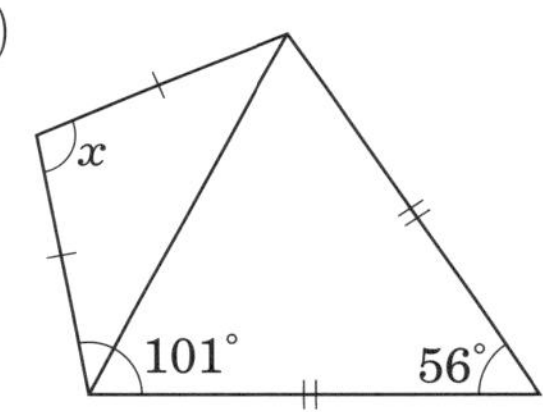

(3)

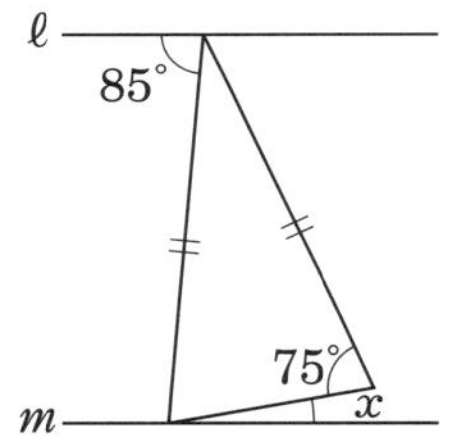

なぞとき

次の図の $\angle x$ の大きさは？

$\angle x =$ ⑧ °

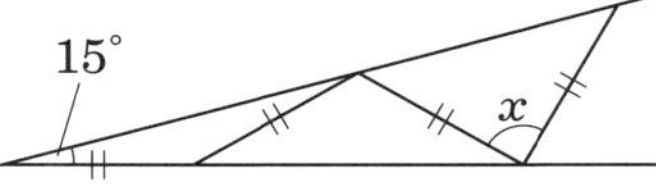

▶▶ p.3 の ⑧ にあてはめよう

今日はここまで！ おつかれさま！

正三角形の性質

解答　別冊 16 ページ

1 正三角形について，次の(　　)をうめなさい。 [１点×２]

定義　(①　　　　　　　　　　)を正三角形という。

定理　正三角形の３つの内角はすべて等しく，(②　　　　)°である。

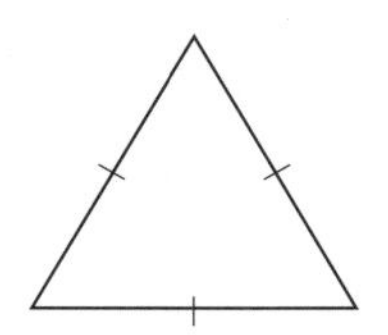

2 ∠xの大きさを求めなさい。ただし，同じ印のついた辺の長さは等しいものとする。 [２点×２]

(1)

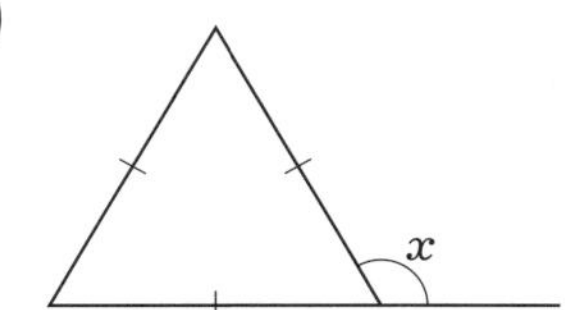

(2)

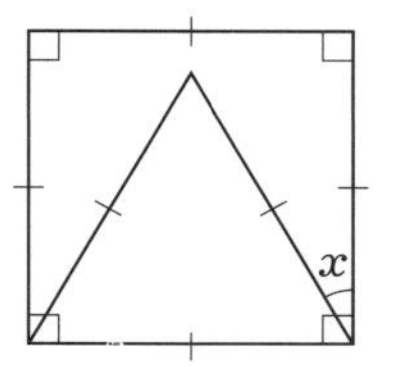

3 右の△ABCは正三角形，△ADBは直角二等辺三角形である。∠DAC＝∠DBCであることを次のように証明した。(　　)をうめなさい。 [１点×４]

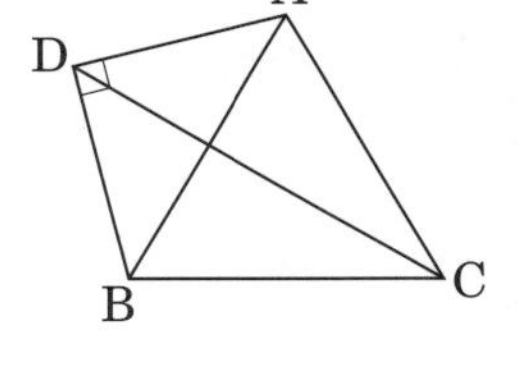

[証明]　△ADCと△(①　　　　)において，

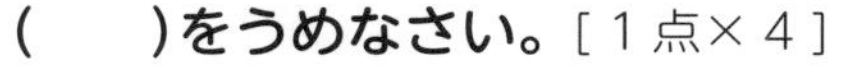

仮定より，AD＝(②　　　　)…(ⅰ)，AC＝(③　　　　)…(ⅱ)

共通な辺だから，CD＝CD…(ⅲ)

(ⅰ)，(ⅱ)，(ⅲ)より，(④　　　　　　　　　)がそれぞれ等しいから，

△ADC≡△(①)

対応する角は等しいから，∠DAC＝∠DBC

今日はここまで！おつかれさま！

51 二等辺三角形になるための条件①

解答　別冊 17 ページ

1 **次のことがらの逆を答えなさい。また，逆が正しいか正しくないかを答え，正しくないときは反例を 1 つあげなさい。**［１点×２，各完答］

(1)　△ABC が正三角形ならば，$\angle A = 60°$ である。

(2)　平行四辺形ならば，向かい合う 2 組の辺はそれぞれ平行である。

2 **AB＝AC の二等辺三角形 ABC の辺 BC 上に BD＝CE となる点 D，E をとると，△ADE は二等辺三角形になる。このことを次のように証明した。(　　)をうめなさい。**［１点×４］

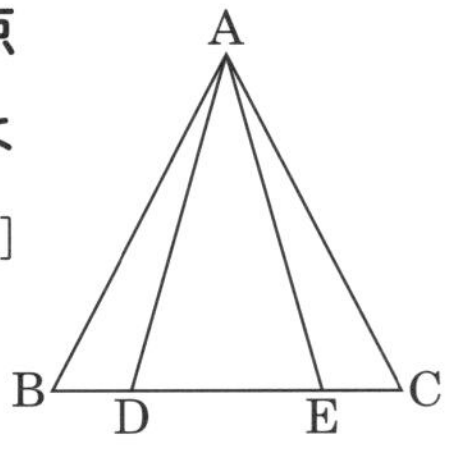

［証明］　△ABD と△ACE において，

仮定より，AB＝AC…(ⅰ)，BD＝(①　　　　)…(ⅱ)

二等辺三角形の底角だから，∠ABD＝∠(②　　　　)…(ⅲ)

(ⅰ)，(ⅱ)，(ⅲ)より，(③　　　　　　　　)がそれぞれ等しいから，△ABD≡△ACE

対応する辺は等しいから，AD＝(④　　　　)

したがって，△ADE は二等辺三角形である。

3 **右の△ABC で，BC の中点を M とし，辺 AB，AC 上に BD＝CE となる点 D，E をとり，線分 MD，ME をひいたところ，MD＝ME となった。このとき，△ABC が二等辺三角形であることを証明しなさい。**［４点］

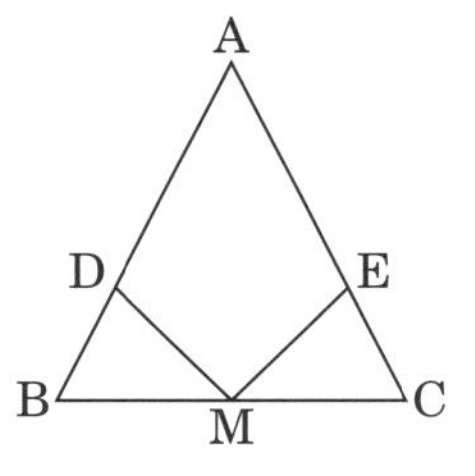

今日はここまで！おつかれさま！

二等辺三角形になるための条件②

月　日

解答　別冊 17 ページ

1 長方形ABCDを，対角線BDを折り目として折り返し，頂点Aが移った点をE，辺BCと線分DEの交点をFとするとき，△BFDが二等辺三角形であることを次のように証明した。(　　)をうめなさい。［2点×3］

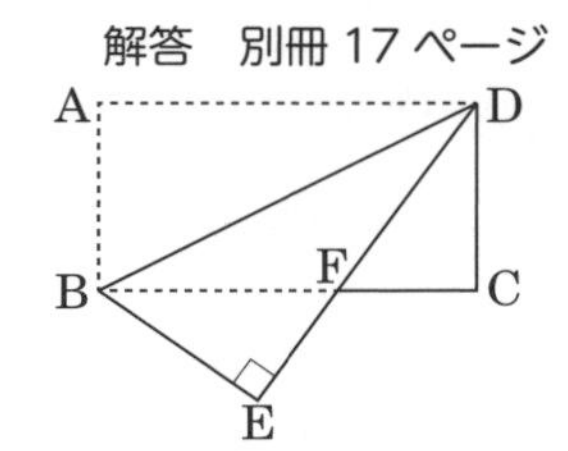

［証明］　BDが折り目だから，∠(①　　　　)＝∠ADB…(ⅰ)

平行線の錯角(さっかく)は等しいから，∠(②　　　　)＝∠ADB…(ⅱ)

(ⅰ)，(ⅱ)より，∠(①)＝∠(②)

よって，(③　　　　　)が等しいから，△BFDは二等辺三角形である。

二等辺三角形の定義と定理を思い出そう！

2 右の△ABCはAB＝ACの二等辺三角形で，△ADEは，△ABCを，点Aを中心に回転移動したものである。辺ADと辺BCの交点をP，辺ACと辺DEの交点をQとする。このとき，AP＝AQとなることを証明しなさい。［4点］

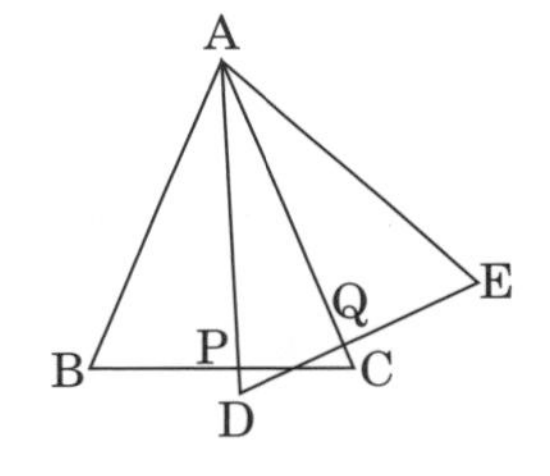

今日はここまで！おつかれさま！

53 第5章　三角形と四角形
直角三角形の合同条件①

月　　日

解答　別冊 17 ページ

1 直角三角形の合同条件について，次の文の(　　)をうめなさい。 [1点×2（順不同）]

2つの直角三角形は次の条件を満たすとき合同である。

・(①　　　　　　　　　　　　　　)がそれぞれ等しいとき

・(②　　　　　　　　　　　　　　)がそれぞれ等しいとき

2 次の図で，合同な三角形を2組選び，そのときに使った合同条件を書きなさい。

[2点×2(各完答)]

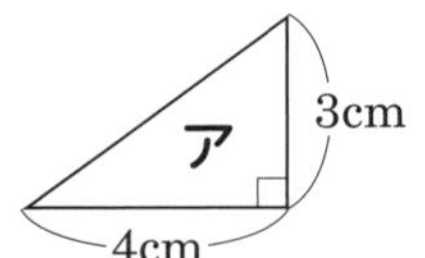

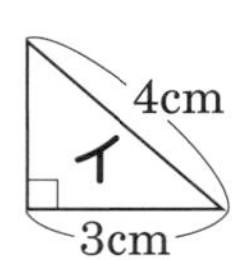

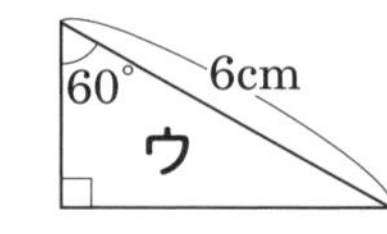

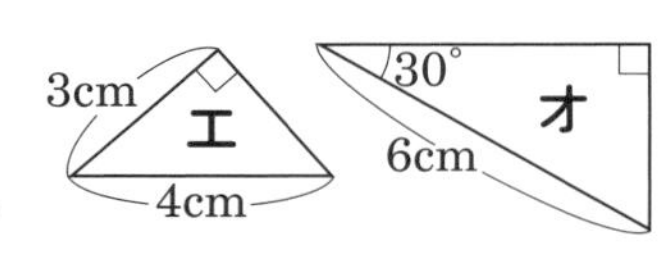

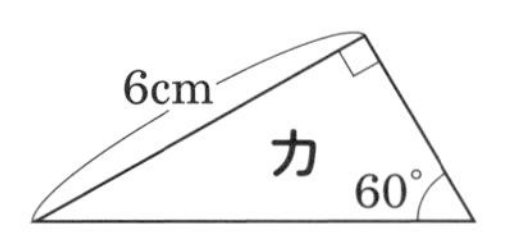

3 次の図で，指定された合同な三角形を答えなさい。また，そのときの合同条件を書きなさい。 [2点×2，各完答]

(1)　△BCDと合同な三角形

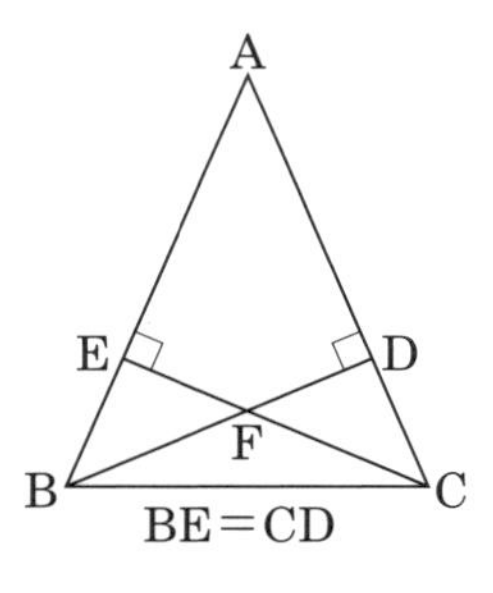

(2)　△AMCと合同な三角形

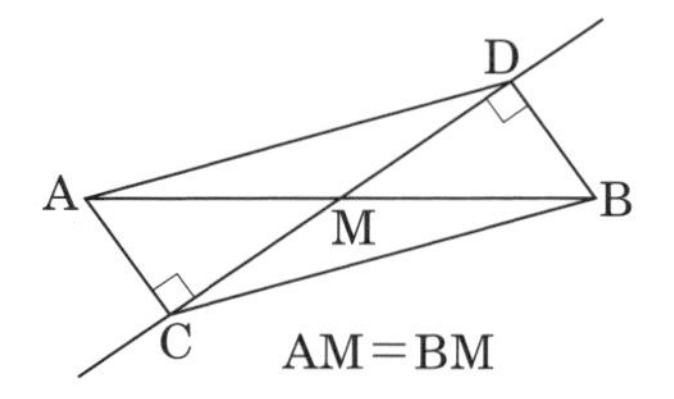

今日はここまで！おつかれさま！

54 第5章　三角形と四角形
直角三角形の合同条件②

解答　別冊18ページ

1 **AB＝ACの二等辺三角形ABCでB，Cから辺AC，ABに垂線BD，CEをひくとき，△EBC≡△DCBであることを次のように証明した。(　　)をうめなさい。** [2点×3]

[証明]　△EBCと△DCBにおいて，

仮定より，∠CEB＝∠(①　　　　)＝90°…(i)

AB＝ACより，∠EBC＝∠(②　　　　)…(ii)

共通な辺だから，BC＝CB…(iii)

(i)，(ii)，(iii)より，(③　　　　　　　　　　)がそれぞれ等しいから，

△EBC≡△DCB

2 **右の△ABCで，点MはBCの中点である。頂点B，Cから直線AMにそれぞれ垂線BP，CQをひくとき，BP＝CQであることを証明しなさい。** [4点]

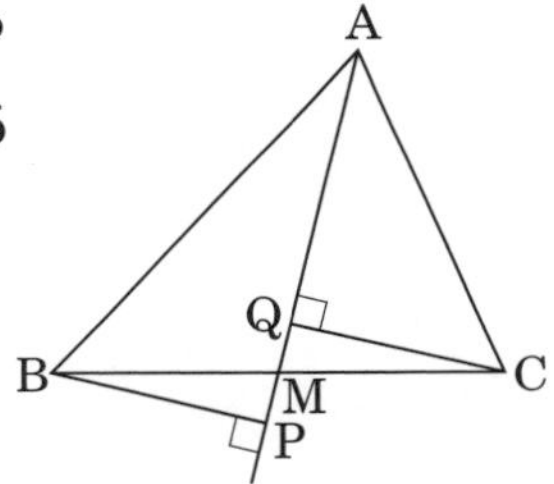

△BMPと△CMQに注目して考えよう！

今日はここまで！おつかれさま！

55 第5章　三角形と四角形
平行四辺形の性質①

月　　日

解答　別冊 18 ページ

1 **(　　)をうめなさい。** [1 点× 3]

・**定義**（①　　　　　　　　　　　　　　）を平行四辺形という。

・右の図の▱ABCDで,

AB∥(②　　　　)，AD∥(③　　　　)

2 **次の平行四辺形の定理について,(　　)をうめなさい。** [1 点× 4, ①②順不同]

平行四辺形の(①　　　　　　　)はそれぞれ等しい。

平行四辺形の(②　　　　　　　)はそれぞれ等しい。

平行四辺形の(③　　　　　　　)はそれぞれの(④　　　　)で交わる。

3 **右の図の▱ABCDで, Oは対角線の交点である。(　　)をうめなさい。** [1 点× 3]

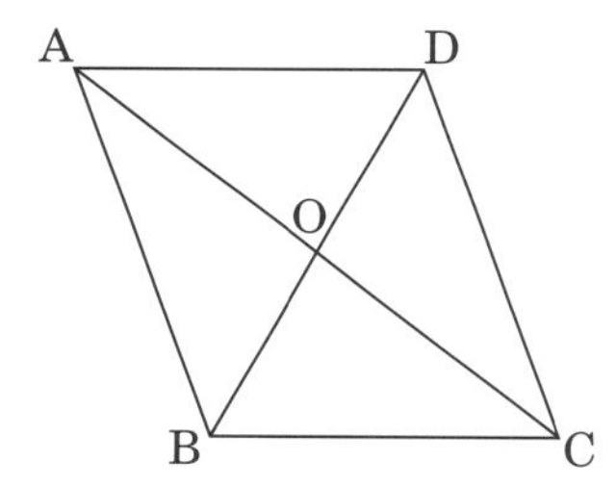

(1)　AB＝(　　　　)

(2)　∠BAD＝∠(　　　　)

(3)　OA＝(　　　　)

今日はここまで! おつかれさま!

56 第5章　三角形と四角形
平行四辺形の性質②

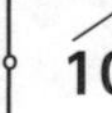

点 / 10

月　日

解答　別冊 18 ページ

1 **右の四角形ABCDが平行四辺形であるとき，2組の対角がそれぞれ等しいことを証明する。(　　)をうめなさい。**

［2点×4］

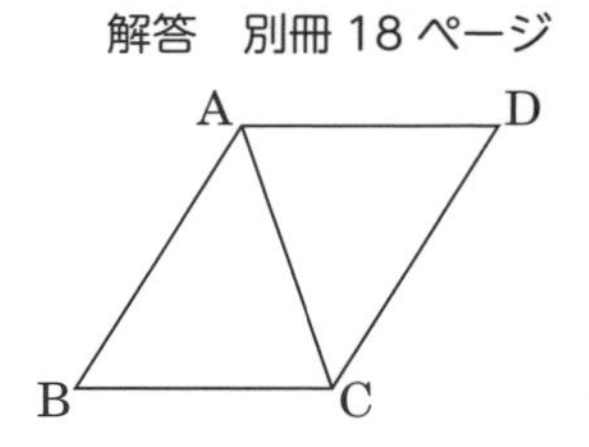

［証明］　△ABCと△CDAにおいて，

平行線の錯角(さっかく)は等しいから，∠BAC＝∠(①　　　　)…(i)

∠BCA＝∠(②　　　　)…(ii)

共通な辺だから，AC＝CA…(iii)

(i)，(ii)，(iii)より，(③　　　　　　　　　　　)がそれぞれ等しいから，

△ABC≡△CDA…(iv)

∠BAD＝∠BAC＋∠(②)，∠DCB＝∠(①)＋∠BCAだから，

(i)，(ii)より，∠BAD＝∠(④　　　　)，(iv)より，∠B＝∠D

よって，平行四辺形の2組の対角はそれぞれ等しい。

2 **右の図の▱ABCDで，線分AC，BDの交点をOとする。このとき，平行四辺形の対角線はそれぞれの中点で交わることを証明しなさい。**［2点］

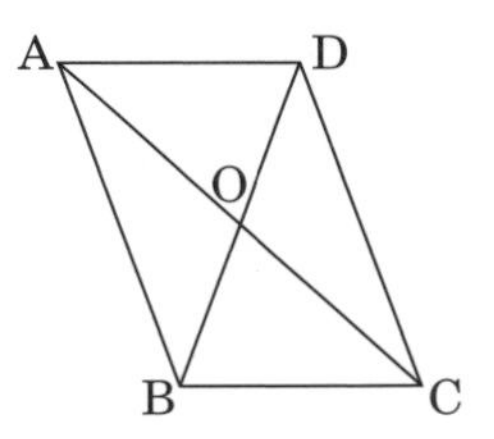

△ABOと△CDOの合同を示そう！
平行四辺形の性質が使えそうだよ。

今日はここまで！おつかれさま！

平行四辺形の性質③

解答　別冊 19 ページ

1 次の▱ABCDにおいて，xの値（あたい）を求めなさい。［２点×４］

(1)

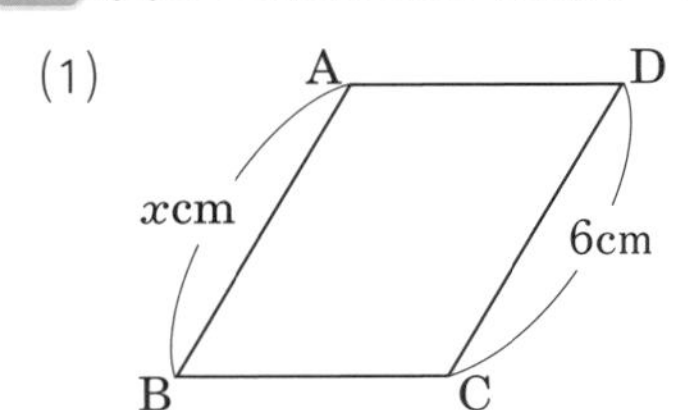

(2)

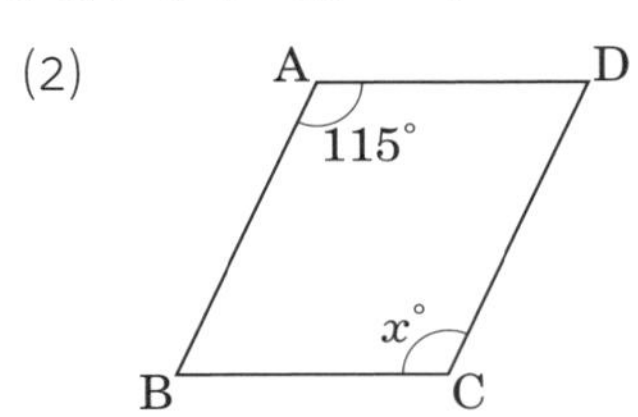

(3)

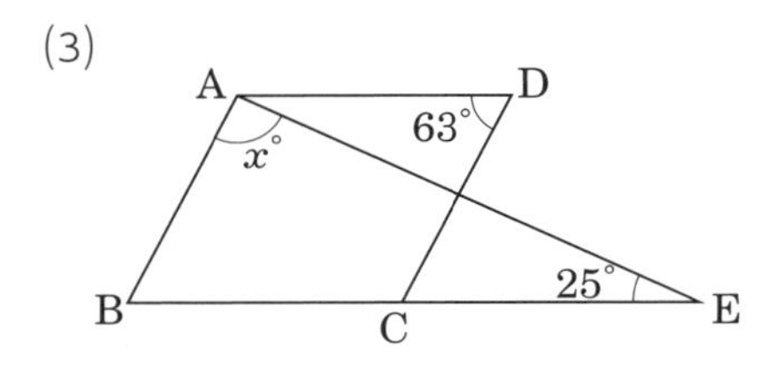

(4) AB＝AE

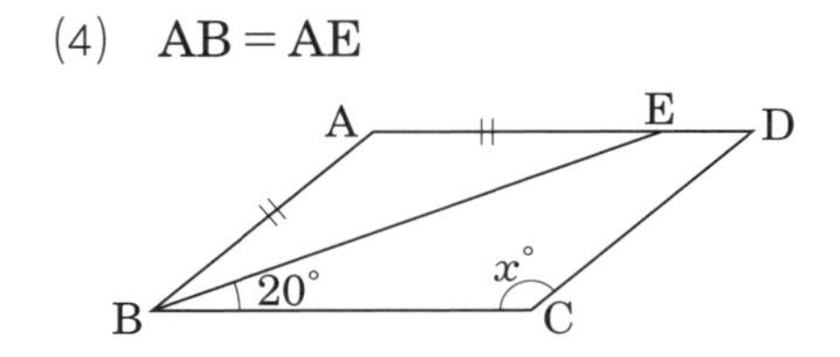

2 図のように，▱ABCDの対角線の交点Oを通る直線と辺AB，CDとの交点をP，Qとするとき，OP＝OQになることを証明しなさい。［２点］

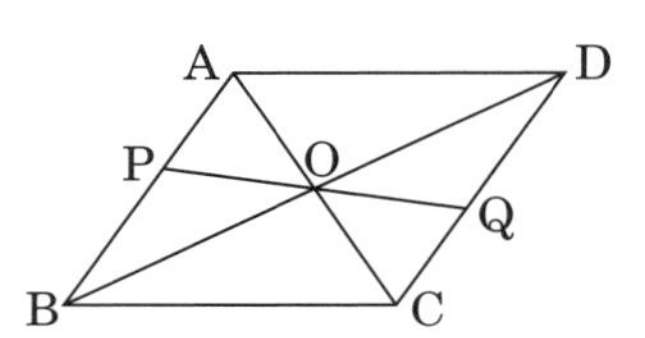

△OAPと△OCQに注目して，等しい角を探してみよう！

今日はここまで！おつかれさま！

58 第5章　三角形と四角形
平行四辺形になるための条件①

月　日

点 / 10

解答　別冊19ページ

1 右の▱ABCDにおいて，AP＝CR，BQ＝DSのとき，四角形PQRSが平行四辺形であることを次のように証明した。（　　）をうめなさい。［2点×4］

［証明］　△APSと△CRQにおいて，

仮定より，AP＝CR…(ⅰ)，BQ＝DS…(ⅱ)

平行四辺形の対辺は等しいから，AD＝(①　　　　　)…(ⅲ)

(ⅱ)，(ⅲ)より，AS＝(②　　　　　)…(ⅳ)

平行四辺形の対角は等しいから，∠PAS＝∠RCQ…(ⅴ)

(ⅰ)，(ⅳ)，(ⅴ)より，2組の辺とその間の角がそれぞれ等しいから，△APS≡△CRQ

よって，PS＝(③　　　　　)　同様に，PQ＝RS

したがって，(④　　　　　　　)がそれぞれ等しいから，

四角形PQRSは平行四辺形である。

2 次のうち，四角形ABCDが必ず平行四辺形であるものを選びなさい。［2点］

ア　∠A＝65°，∠B＝65°，∠C＝115°，∠D＝115°

イ　∠A＝84°，∠B＝96°，∠C＝96°，∠D＝84°

ウ　∠A＝72°，∠B＝108°，∠C＝72°，∠D＝108°

なぞとき

右の図の▱ABCDにおいて，同じ印をつけた辺の長さは等しいものとする。∠xの大きさは？

∠x＝⑨°

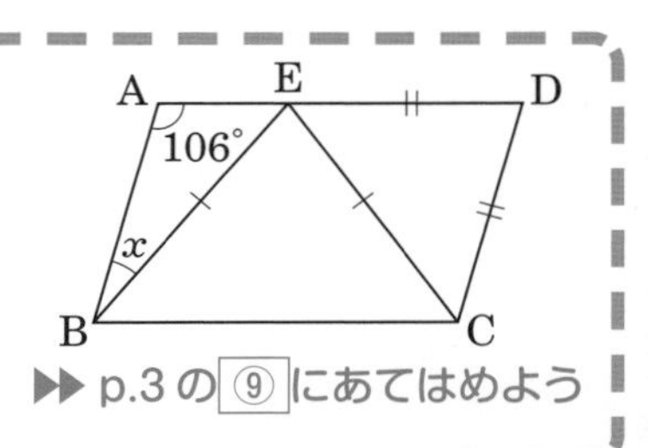

▶▶ p.3の⑨にあてはめよう

今日はここまで！おつかれさま！

59 第5章 三角形と四角形
平行四辺形になるための条件②

月　日

点 /10

解答　別冊19ページ

1 右の▱ABCDで，辺ADの中点をMとし，BMの延長と辺CDの延長との交点をEとすると，四角形ABDEが平行四辺形になることを次のように証明した。(　　)をうめなさい。

［2点×4］

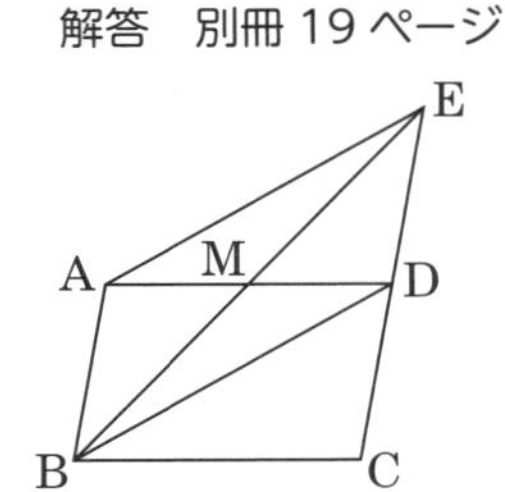

［証明］　△ABMと△DEMにおいて，

仮定より，AM＝DM…(i)

AB∥CEより，錯角(さっかく)が等しいから，∠BAM＝∠(①　　　　)…(ii)

対頂角は等しいから，∠AMB＝∠DME…(iii)

(i)，(ii)，(iii)より，(②　　　　　　　　　)がそれぞれ等しいから，

△ABM≡△DEM

よって，AB＝(③　　　　)…(iv)

(iv)とAB∥CEより，(④　　　　　　　　　　　)から，

四角形ABDEは平行四辺形である。

2 ▱ABCDの対角線BD上に∠BAE＝∠DCFとなるように2点E，Fをとるとき，四角形AECFが平行四辺形になることを証明しなさい。［2点］

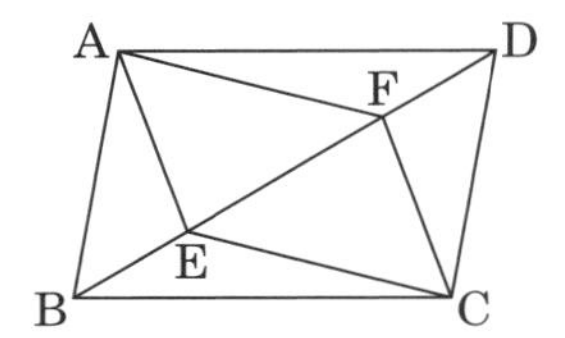

今日はここまで！おつかれさま！

60 第5章　三角形と四角形
平行四辺形になるための条件③

月　日

点 / 10

解答　別冊 20 ページ

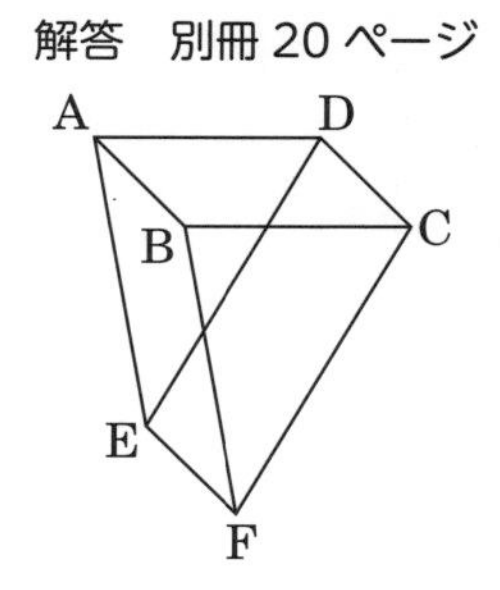

1 右の図で，四角形ABCD，四角形AEFBは平行四辺形である。このとき，四角形DEFCが平行四辺形になることを証明しなさい。［5点］

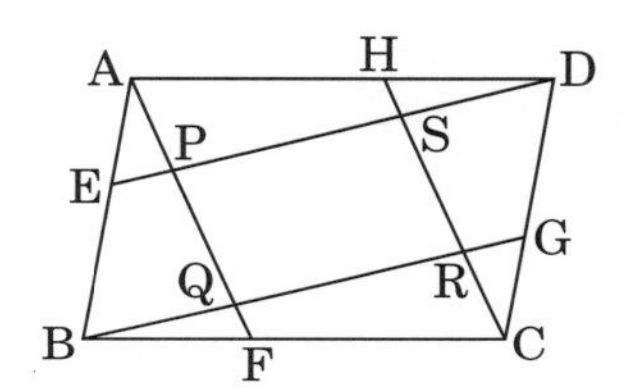

2 右の▱ABCDにおいて，

AE：EB＝BF：FC＝CG：GD＝DH：HAであるとき，次の問いに答えなさい。［⑴2点，⑵3点］

⑴　四角形AFCHが平行四辺形になることを証明しなさい。

⑵　四角形PQRSが平行四辺形になることを証明しなさい。

四角形PQRSの2組の対辺が平行であることを示すといいね。

今日はここまで！おつかれさま！

特別な平行四辺形①

月　日

点 / 10

解答　別冊 20 ページ

1 (　　)にあてはまることばを書きなさい。［1点×3，③順不同完答］

定義　長方形…4つの(①　　　　)が等しい四角形

ひし形…4つの(②　　　　)が等しい四角形

正方形…4つの(③　　　　が等しく，4つの　　　　)が等しい四角形

2 (　　)にあてはまることばを書きなさい。［1点×3］

長方形の対角線の(①　　　　　　　　　　　　)。

ひし形の対角線は(②　　　　　　　　　　　　)。

正方形の対角線は(③　　　　　　　　　　　　　　　　　　)。

3 対角線について，四角形ABCDがあとの四角形になるには，どのような条件を加えればよいか。①～④にあてはまる条件を，ア～オから選びなさい。［1点×4］

ア　AC＝BD　　イ　AC∥BD　　ウ　AC⊥BD

エ　AB＝CD　　オ　AO＝CO，BO＝DO

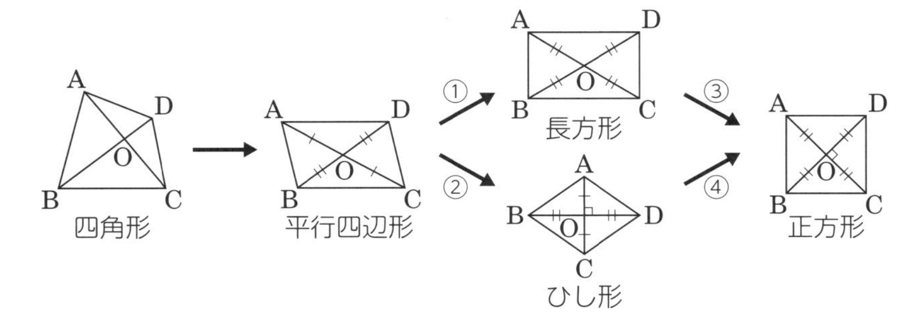

今日はここまで！おつかれさま！

特別な平行四辺形②

月　日

/10

解答　別冊 20 ページ

1 **右の図で，▱ABCDの頂点Aから辺BC，CDに垂線AE，AFをひく。AE＝AFのとき，▱ABCDはひし形になることを次のように証明した。(　　)をうめなさい。**［2点×4］

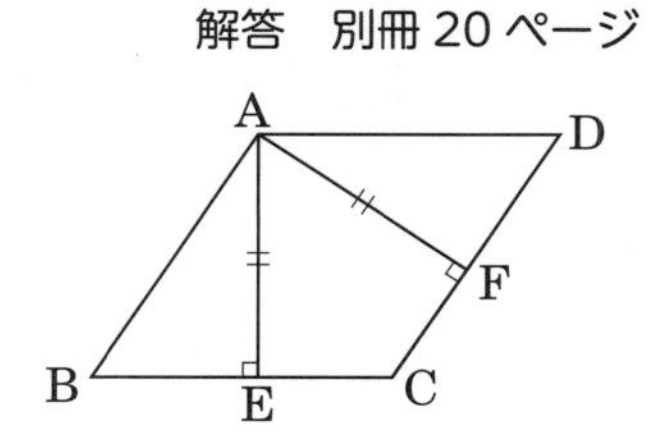

［証明］　△ABEと△(①　　　　)において，

平行四辺形の対角は等しいから，∠ABE＝∠(②　　　　)…(i)

仮定より，∠AEB＝∠AFD＝90°…(ii)，AE＝AF…(iii)

(i)，(ii)より，∠BAE＝∠DAF…(iv)

(ii)，(iii)，(iv)より，(③　　　　　　　　)がそれぞれ等しいから，

△ABE≡△(①)

対応する辺は等しいから，AB＝AD

(④　　　　　)が等しいから，▱ABCDはひし形である。

2 **右の図で，▱ABCDの∠A，∠B，∠C，∠Dの二等分線によってつくられる四角形EFGHは，長方形であることを証明しなさい。**［2点］

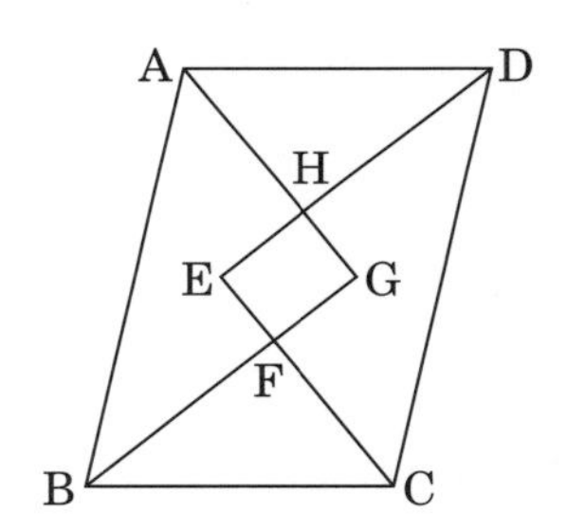

長方形の定義は，4つの角が等しい四角形だったね！

今日はここまで！おつかれさま！

面積が等しい三角形①

月 日

解答 別冊21ページ

1 次の図で，色をつけた三角形と面積が等しい三角形を答えなさい。［1点×4］

(1)

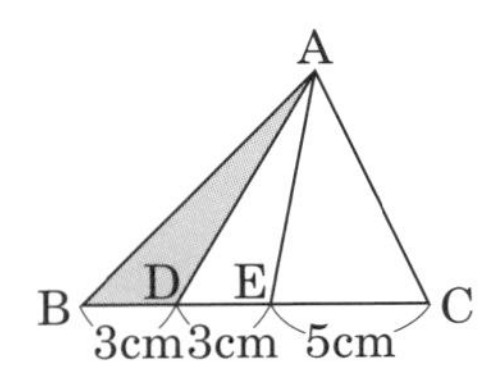

(2)

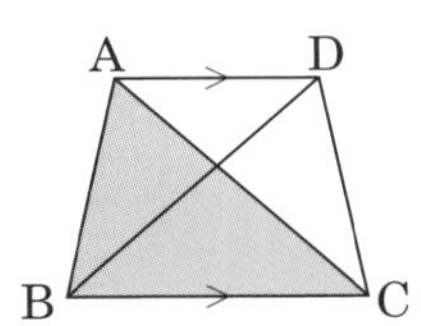

(3)

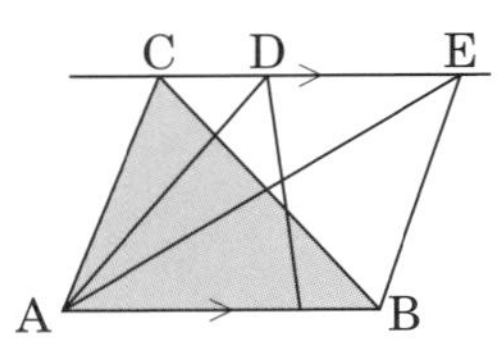

(4)

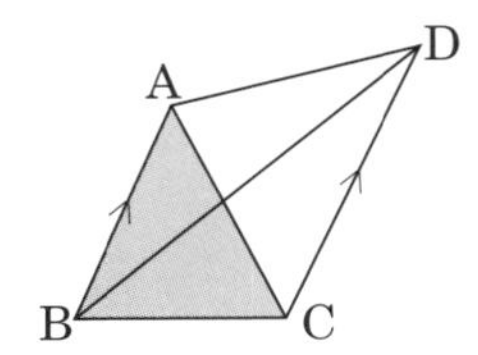

2 次の四角形**ABCD**で，辺**CB**の**B**のほうの延長上に点**E**をとり，四角形**ABCD**と面積が等しい△**DEC**を作図しなさい。［3点］

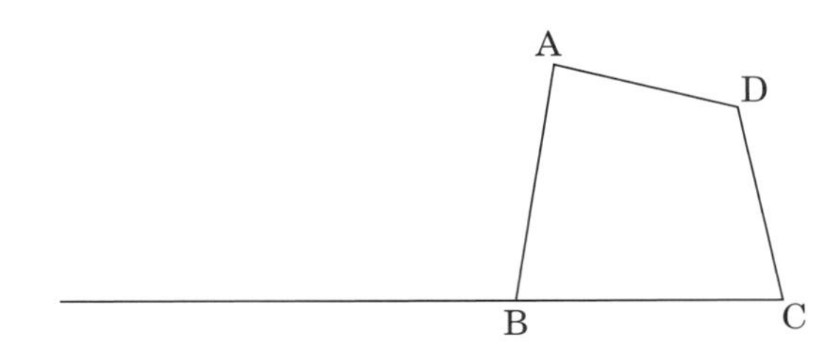

3 次の図のように，長方形**ABCD**が折れ線**PQR**によって，アとイの**2**つの部分に分けられている。点**P**を通り，ア，イの部分の面積を変えずに長方形**ABCD**を**2**つに分ける直線を作図しなさい。［3点］

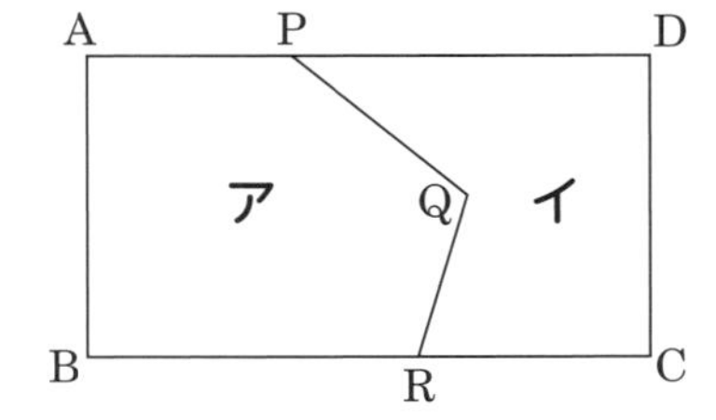

今日はここまで！おつかれさま！

64 第5章　三角形と四角形
面積が等しい三角形②

月　日

/10

解答　別冊21ページ

1 右の図の▱ABCDの頂点Dを通る直線が，辺ABの延長線，辺BCと交わる点をそれぞれM，Nとするとき，△ABN＝△CNMとなることを次のように証明した。
(　　)をうめなさい。［2点×3］

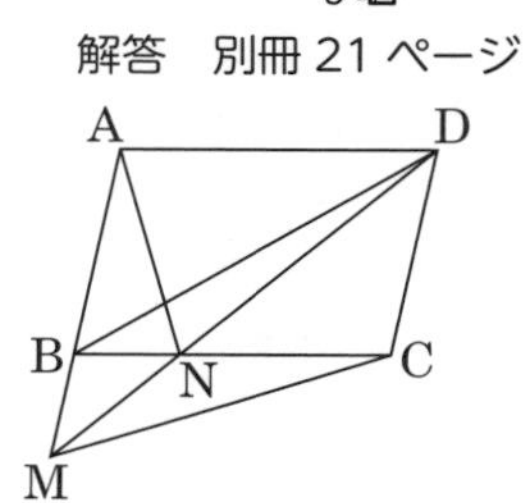

［証明］　AD // BCより，△ABN＝△(①　　　　)
AM // DCより，△BCD＝△(②　　　　)
△(①)＝△BCD－△(③　　　　)
　　　＝△(②)－△(③)＝△CNM
よって，△ABN＝△CNM

2 右の図の▱ABCDにおいて，EF // BC，Gは線分EFと線分ACの交点であるとき，△ACF＝△CDGであることを証明しなさい。［4点］

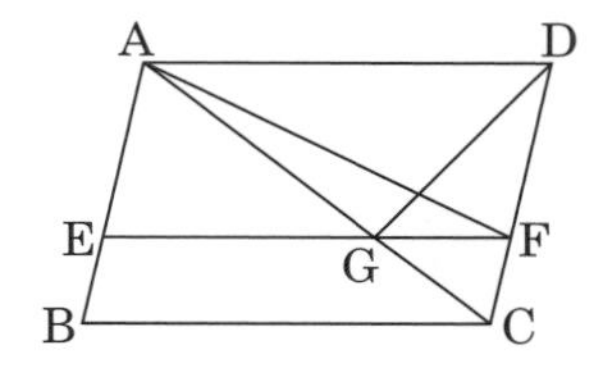

平行線に注目して，面積が等しい三角形を見つけよう！

今日はここまで！おつかれさま！

確率①

月　日

解答　別冊 21 ページ

1 **2 枚の硬貨(こうか) A，B を同時に投げるとき，次の問いに答えなさい。**［２点×３］

(1)　表裏の出方について，表を○，裏を×として，右の樹形図を完成させなさい。

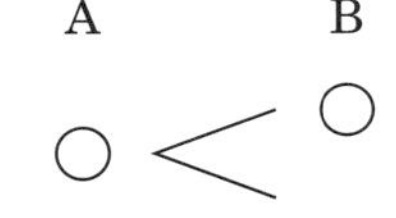

(2)　2 枚とも表が出る確率を求めなさい。

(3)　1 枚が表でもう 1 枚が裏になる確率を求めなさい。

2 **3 枚の硬貨 A，B，C を同時に投げるとき，1 枚が表で 2 枚が裏になる確率を，表を○，裏を×として，右の樹形図を完成させて求めなさい。**［２点］

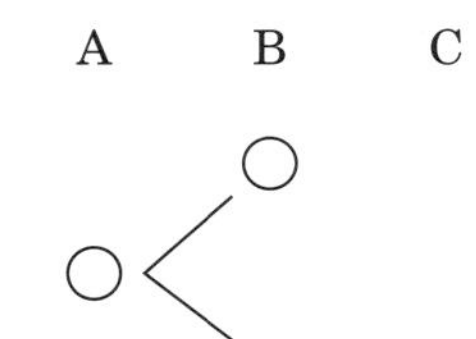

3 **1，2，3 の 3 つの数字を 1 回ずつ並べて 3 けたの整数をつくるとき，偶数(ぐうすう)ができる確率を，右の樹形図を完成させて求めなさい。**［２点］

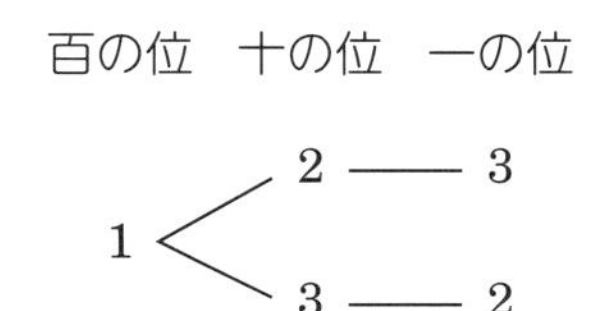

今日はここまで！おつかれさま！

確率②

月　日

解答　別冊 22 ページ

1 **袋の中に赤球が 2 個，白球が 3 個入っている。この袋から球を同時に 2 個取り出すとき，次の問いに答えなさい。**［2 点× 2］

(1)　2 個の赤球を赤 1，赤 2，3 個の白球を白 1，白 2，白 3 として樹形図を完成させなさい。

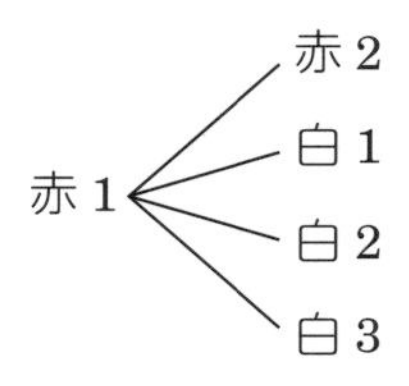

(2)　2 個とも白球になる確率を求めなさい。

2 **A さん，B さん，C さんの 3 人が横一列に並ぶとき，A さんと B さんがとなり合って並ぶ確率を，樹形図をかいて求めなさい。**［2 点］

3 **A さんと B さんの 2 人がじゃんけんを 1 回するとき，あいこになる確率を，樹形図をかいて求めなさい。**［2 点］

4 **あたりが 2 本，はずれが 3 本入っているくじを同時に 2 本ひくとき，1 本があたりでもう 1 本がはずれになる確率を，樹形図をかいて求めなさい。**［2 点］

今日はここまで！おつかれさま！

67 第6章 確率

いろいろな確率①

月　日

点 /10

解答　別冊22ページ

1 A，B2個のさいころを同時に投げるとき，出た目の数の和について，次の問いに答えなさい。［2点×2，(1)完答］

(1) 出た目の数の和を表した右の表を完成させなさい。

B＼A	1	2	3	4	5	6
1	2	3	4	5	6	7
2	3	4				
3						
4						
5						
6						

(2) 出た目の数の和が7になる確率を求めなさい。

2 1，2，3，4の数字を1つずつ書いたカードが4枚ある。このカードをよくきって，2枚続けてひき，1枚目のカードを十の位，2枚目のカードを一の位の数とするとき，十の位の数が一の位の数より大きくなる確率を求めなさい。［3点］

3 あたりが2本，はずれが1本入っているくじがある。この中からまずAさんが1本ひき，続けてBさんが1本ひくとき，2人ともあたりをひく確率を求めなさい。［3点］

図や表を使って，すべての場合をもれなく数えよう。

今日はここまで！おつかれさま！

68 第６章　確率
いろいろな確率②

月　日

解答　別冊 22 ページ

1 **A**の箱には **1**，**2**，**3** のカードが **1** 枚ずつ，**B**の箱には **1**，**3**，**4**，**5**，**7** のカードが **1** 枚ずつ入っている。**A**，**B** の箱から **1** 枚ずつカードをひき，**A**からひいたカードを十の位，**B**からひいたカードを一の位の数として **2** けたの整数をつくるとき，素数になる確率を求めなさい。［２点］

A: 1　2　3

B: 1　3　4　5　7

2 **A**さん，**B**さん，**C**さんの **3** 人がじゃんけんを **1** 回するとき，**A**さんだけが勝つ確率を求めなさい。［２点］

3 **A**，**B** **2** 個のさいころを同時に投げるとき，**A**の出た目の数が**B**の出た目の数の約数になる確率を求めなさい。［３点］

4 **1**，**1**，**2**，**3** の数字を **1** つずつ書いた **4** 枚のカードが箱に入っている。この箱からもどさずに続けて **2** 枚のカードをひくとき，**1** 枚目にひいたカードの数字より **2** 枚目にひいたカードの数字のほうが大きくなる確率を求めなさい。［３点］

今日はここまで！おつかれさま！

69 第6章　確率
起こらない確率

月　日

点 ／10

解答　別冊 23 ページ

1 ジョーカーを除く 52 枚のトランプをよくきって 1 枚ひくとき，次の確率を求めなさい。［1 点×2］

(1)　2 のカードが出る確率

(2)　2 のカードが出ない確率

2 A，B 2 個のさいころを同時に投げるとき，次の確率を求めなさい。［1 点×2］

(1)　出た目の数の和が 3 以下になる確率

(2)　出た目の数の和が 4 以上になる確率

3 -2，-1，0，1，2，3 の数字を 1 つずつ書いた 6 枚のカードから，同時に 2 枚のカードをひくとき，次の確率を求めなさい。［1 点×2］

(1)　ひいた数の積が 0 になる確率

(2)　ひいた数の積が 0 にならない確率

4 A さん，B さん，C さんの 3 人がじゃんけんを 1 回するとき，次の確率を求めなさい。［2 点×2］

(1)　あいこになる確率

(2)　少なくとも 1 人が勝つ確率

なぞとき

大小 2 個のさいころを同時に投げるとき，出た目の数の積が奇数（きすう）になる確率は？

$\dfrac{1}{⑩}$

▶▶ p.3 の ⑩ にあてはめよう

今日はここまで！おつかれさま！

70

第６章　確率

くじをひく順番と確率

月　日

/10

解答　別冊 23 ページ

1　5 本のうち，2 本のあたりくじが入っているくじがある。このくじをAが先に 1 本ひき，くじをもどさずに続いてBが 1 本ひく。［２点×３，⑴完答］

⑴　あたりくじを①，②，はずれくじを[3]，[4]，[5]とし，あたりを○，はずれを×として，右のような表をつくる。表を完成させなさい。

A＼B	①	②	[3]	[4]	[5]
①	＼	○○	○×		
②	○○	＼			
[3]	×○		＼		
[4]				＼	××
[5]				××	＼

⑵　Aがあたる確率を求めなさい。

⑶　AとBではどちらがあたりやすいか答えなさい。

2　あたりが 1 本，はずれが 3 本入っているくじがある。このくじをもどさずに続けて 2 回ひくとき，次の確率を求めなさい。［２点×２］

⑴　2 回ともはずれる確率

⑵　少なくとも 1 回はあたる確率

今日はここまで！おつかれさま！

解答　別冊 23 ページ

1 次のデータは，7人の生徒について，1カ月で読んだ本の冊数を，冊数の少ない順に並べたものである。このデータについて，次の値を求めなさい。[1点×4]

1	2	2	3	4	7	10

（単位：冊）

(1) 第1四分位数

(2) 第2四分位数

(3) 第3四分位数

(4) 四分位範囲

2 次のデータは，9人の生徒について，数学の小テストの結果を，点数の低い順に並べたものである。このデータについて，次の値を求めなさい。[1点×4]

2	3	5	7	7	8	8	9	10

（単位：点）

(1) 第1四分位数

(2) 第2四分位数

(3) 第3四分位数

(4) 四分位範囲

3 次のデータは，生徒10人について，50m走のタイムを，タイムの速い順に並べたものである。このデータについて，次の値を求めなさい。[1点×2]

6.6	7.4	7.6	7.9	8.2	8.4	8.5	8.6	9.7	10.3

（単位：秒）

(1) 中央値

(2) 四分位範囲

今日はここまで！おつかれさま！

72 第7章　データの活用
四分位数と四分位範囲②

月　日

/10

解答　別冊 24 ページ

1 次のデータは，8日間の最高気温をまとめたものである。このデータについて，次の値を求めなさい。[1点× 4]

12.9	13.7	14.7	14.2	14.7	10.3	9.4	13.9

（単位：℃）

(1) 第1四分位数　　(2) 第2四分位数

(3) 第3四分位数　　(4) 四分位範囲

2 次のデータは，12人の生徒の身長をまとめたものである。このデータについて，次の値を求めなさい。[1点× 6]

157.3	164.9	158.2	154.8	146.3	155.8
159.9	170.1	167.9	151.9	165.6	166.1

（単位：cm）

(1) 最小値　　(2) 最大値

(3) 第1四分位数　　(4) 第2四分位数

(5) 第3四分位数　　(6) 四分位範囲

データを大きさの順に並べかえよう！

今日はここまで！ おつかれさま！

73 第7章　データの活用
箱ひげ図①

／10

解答　別冊24ページ

1 次のデータは，9人の生徒の走り幅(はば)とびの結果を，結果の小さい順に並べたものである。このデータについて，あとの問いに答えなさい。

5　6　6　7　8　10　10　12　13　　（単位：m）

(1) 次の値(あたい)を求めなさい。[1点×5]

① 最小値

② 最大値

③ 第1四分位数

④ 第2四分位数

⑤ 第3四分位数

(2) 箱ひげ図をかきなさい。[5点]

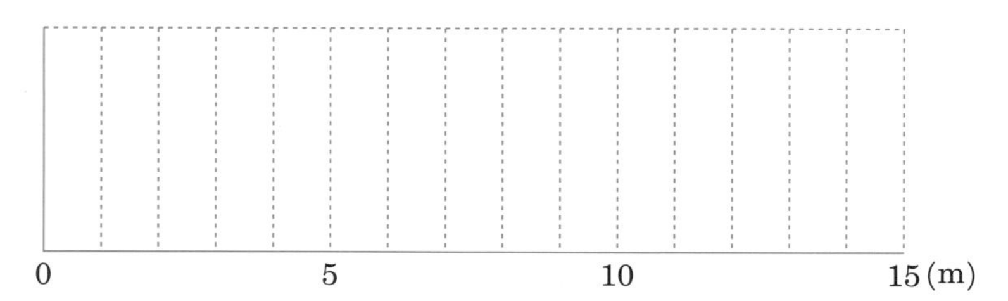

今日はここまで！おつかれさま！

箱ひげ図②

月　日

点 /10

解答　別冊 24 ページ

1 **次の図は，3 年 1 組の生徒 39 人と 2 組の生徒 39 人について，1 カ月の読書時間を，箱ひげ図に表したものである。このとき，次の問いに答えなさい。**［2 点× 5］

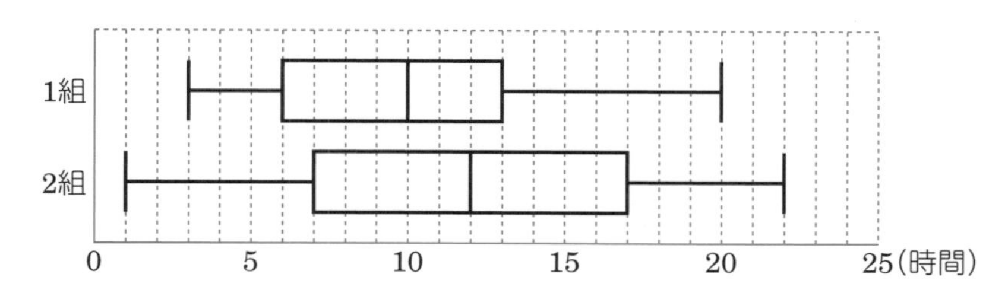

(1)　最小値が小さいのは，1 組と 2 組のうちどちらですか。

(2)　データの四分位範囲（しぶんいはんい）が小さいのは，1 組と 2 組のうちどちらですか。

(3)　読書時間が少ないほうから数えて 20 番目の生徒の読書時間が多いのは，1 組と 2 組のうちどちらですか。

(4)　読書時間が 10 時間以下の生徒の人数が多いのは，1 組と 2 組のうちどちらですか。

(5)　クラスの $\frac{1}{4}$ 以上の生徒の読書時間が 15 時間以上であるのは，1 組と 2 組のうちどちらですか。

初版
第１刷　2022年４月１日　発行

●編 者
数研出版編集部
●カバー・表紙デザイン
株式会社クラップス（神田真里菜）

発行者　星野 泰也

ISBN978-4-410-15379-2

1回10分数学ドリル＋なぞとき　中2

発行所　数研出版株式会社

〒101-0052 東京都千代田区神田小川町２丁目３番地３
〔振替〕00140-4-118431
〒604-0861 京都市中京区烏丸通竹屋町上る大倉町205番地
〔電話〕代表（075）231-0161
ホームページ　https://www.chart.co.jp

印刷　河北印刷株式会社
乱丁本・落丁本はお取り替えいたします　220201

中２数学　答えと解説

1 単項式と多項式① 本冊P.6

1 単項式（たんこうしき）…$3ab$，$-a^2$，$9x^3y^4$

多項式…$x-2xy$，$3x^3+4x^2-1$

2 (1) a，$4b$

(2) $-\frac{1}{3}x^2$，$2x$，$-\frac{5}{6}$

(3) x^2y，$-xy$，$6x$

3 (1) 2　(2) 6

(3) 2　(4) 3

4 (1) 2 次式　(2) 3 次式

解説

3 (2) x が 2 個，y が 1 個，z が 3 個かけ合わされているので，次数は $2+1+3=6$

2 単項式と多項式② 本冊P.7

1 単項式…a，$-6b$

多項式…$4x+9$，$5a^2-2a+6$，$x^2+2xy+y^2$

2 (1) 係数…5　次数…2

(2) 項…$2x$，$-y$，6　次数…1

(3) 係数…-1　次数…9

(4) 項…ab，$-3ab^2$，$5a$　次数…3

3 (1) 3 次式　(2) 5 次式

(3) 6 次式　(4) 9 次式

(5) 8 次式

解説

3 (5) 次数がいちばん大きい項は $8a^2b^6$ で，次数は，$2+6=8$

3 多項式の計算① 本冊P.8

1 $4x$ と $-2x$，$-8y$ と $6y$

2 (1) $3x$　(2) $-ab+2a$

(3) $-7x^2+5x$

3 (1) $4a+2b$　(2) $-2a^2-a$

(3) $-x-3y$　(4) $-\frac{1}{12}x+\frac{7}{24}y$

(5) $x+3y$　(6) a

解説

2 (3) $-3x^2+11x-4x^2-6x$

$=-3x^2-4x^2+11x-6x=-7x^2+5x$

3 (2) $(-4a^2+6a)+(2a^2-7a)$

$=-4a^2+6a+2a^2-7a=-2a^2-a$

4 多項式の計算② 本冊P.9

1 (1) $14x+7y$　(2) $6a-8b+14$

(3) $-10x-6y$

(4) $-15a^2+\frac{15}{2}a-5$

(5) $6x+12y-15$

2 (1) $3x-4y$　(2) $-6x^2-4x+2$

(3) $-6x+15y$

(4) $-18x+21y+12z$

(5) $16x-20y$

解説

2 (3) $(18x-45y)\div(-3)$

$=18x\times\left(-\frac{1}{3}\right)-45y\times\left(-\frac{1}{3}\right)=-6x+15y$

5 いろいろな計算① 本冊P.10

1 (1) $17x+11y$　(2) $4x-3y$

(3) $5a+8b$　(4) $-x-3y-1$

(5) $-8a-11b+9$

2 (1) $\frac{3x+y}{2}$　(2) $\frac{22a+9b}{36}$

(3) $\frac{a+b}{3}$　(4) $\frac{-7x-6y}{12}$

(5) $\frac{11a+8b}{6}$

解説

1 (1) $4(3x+4y)+5(x-y)$

$=12x+16y+5x-5y$

$=17x+11y$

(5) $3(-2a-b+1)-2(a+4b-3)$

$=-6a-3b+3-2a-8b+6$

$=-8a-11b+9$

2 (2) $\frac{4}{9}a+\frac{2a+3b}{12}$

$=\frac{4\times4a+3(2a+3b)}{36}$

$=\frac{16a+6a+9b}{36}$

$=\frac{22a+9b}{36}$

6 いろいろな計算② 本冊P.11

1 (1) $\frac{3x+5y}{4}$　(2) $\frac{a+10b}{12}$

(3) $\frac{19x+5y}{24}$　(4) $\frac{-11x-y}{12}$

2 (1) $6x+17y$　(2) $\frac{2a-13b+19}{12}$

(3) $\frac{9a+5b}{10}$

解説

1 (3) $\frac{5x+3y}{8}+\frac{x-y}{6}$

$=\frac{3(5x+3y)+4(x-y)}{24}$

$=\frac{15x+9y+4x-4y}{24}$

$=\frac{19x+5y}{24}$

2 (2) $\frac{2a-b+1}{3}-\frac{2a+3b-5}{4}$

$=\frac{4(2a-b+1)-3(2a+3b-5)}{12}$

$=\frac{8a-4b+4-6a-9b+15}{12}$

$=\frac{2a-13b+19}{12}$

(3) $\frac{7a-b}{6}-\frac{2(2a-5b)}{15}$

$=\frac{5(7a-b)-4(2a-5b)}{30}$

$=\frac{35a-5b-8a+20b}{30}$

$=\frac{27a+15b}{30}$

$=\frac{9a+5b}{10}$

7 単項式の乗法・除法① 本冊P.12

1 (1) $20xy$　(2) $54ab$

(3) $12x^2$　(4) $9x^2$

(5) $16x^2$

2 (1) $3x$　(2) $-8x^2$

(3) $405y$　(4) $-12a$

(5) $-108xy^2$

解説

1 (5) $(-4x)^2=(-4x)\times(-4x)=16x^2$

2 (1) $12x^2\div4x=\frac{12x^2}{4x}=3x$

(2) $48x^3y^2\div(-6xy^2)$

$=-\frac{48x^3y^2}{6xy^2}=-8x^2$

(3) $45xy\div\frac{1}{9}x=45xy\times\frac{9}{x}=405y$

(5) $24x^2y^3\div\left(-\frac{2}{9}xy\right)$

$=24x^2y^3\times\left(-\frac{9}{2xy}\right)$

$=-108xy^2$

8 単項式の乗法・除法② 本冊P.13

1 (1) 6 (2) $-4a^2$

(3) $-6xy$ (4) $-2x^2y$

(5) $3y$

2 (1) $20x^2$ (2) $3a^4b$

(3) $8x^3y$ (4) $2a^2b$

(5) $\dfrac{3a^2}{5b}$

解説

「−」が奇数個（きすうこ）のとき符号（ふごう）は−，偶数個（ぐうすうこ）のとき符号は＋になる。

1 (3) $12x^3\times(-2y)\div(-2x)^2$

$=12x^3\times(-2y)\div4x^2$

$=-\dfrac{12x^3\times2y}{4x^2}$

$=-6xy$

(5) $6x\times(-2y)^2\div8xy$

$=6x\times4y^2\div8xy$

$=\dfrac{6x\times4y^2}{8xy}=3y$

2 (1) $-2xy\times(-5x)\div\dfrac{1}{2}y$

$=-2xy\times(-5x)\times\dfrac{2}{y}$

$=\dfrac{2xy\times5x\times2}{y}$

$=20x^2$

(5) $\dfrac{12}{5}a\div(-2b)^2\times ab$

$=\dfrac{12}{5}a\div4b^2\times ab$

$=\dfrac{12a\times ab}{5\times4b^2}$

$=\dfrac{3a^2}{5b}$

9 式の値① 本冊P.14

1 (1) 11 (2) -5

2 (1) -8 (2) -12

3 (1) -1 (2) -9

4 0

解説

負の数を代入するときはかっこをつけて代入する。

3 (2) x^2y-3x

$=(-3)^2\times(-2)-3\times(-3)$

$=-9$

10 式の値② 本冊P.15

1 (1) -34 (2) 13

2 (1) $-\dfrac{1}{72}$ (2) 16

3 70

解説

1 (2) $5(2x-y)-2(3x+y)$

$=10x-5y-6x-2y$

$=4x-7y$

$=4\times(-2)-7\times(-3)$

$=13$

2 (2) $\left(-\dfrac{2}{3}x^3y\right)^2\div\left(-\dfrac{4}{3}x^4y^3\right)\times2xy^2$

$=\dfrac{4}{9}x^6y^2\times\left(-\dfrac{3}{4x^4y^3}\right)\times2xy^2$

$=-\dfrac{4x^6y^2\times3\times2xy^2}{9\times4x^4y^3\times1}$

$=-\dfrac{2}{3}x^3y$

$=-\dfrac{2}{3}\times2^3\times(-3)$

$=16$

11 文字式の利用① 本冊P.16

1 (1) $2n$

(2) $2n+1$ または $2n-1$

(3) $3n$　(4) $7n+2$

2 ① 1　② 1

③ 2　④ $m+n+1$

3 nを整数とすると，連続する3つの整数は，n，$n+1$，$n+2$と表される。このとき，これらの和は，

$n+(n+1)+(n+2)=3n+3=3(n+1)$

$n+1$は整数であるから，$3(n+1)$は3の倍数である。よって，連続する3つの整数の和は3の倍数になる。

解説

1 (4) 7の倍数より2大きい数である。

12 文字式の利用② 本冊P.17

1 真ん中の数をnとすると，

上の数は$n-7$，左の数は$n-1$，

右の数は$n+1$，下の数は$n+7$

と表せるので，5つの数の合計は，

$n+(n-7)+(n-1)+(n+1)+(n+7)=5n$

よって，真ん中の数の5倍と等しくなる。

2 2倍

解説

2 Aの体積は，$\pi\times(2a)^2\times b=4\pi a^2b\,(\text{cm}^3)$

Bの体積は，$\pi\times a^2\times 2b=2\pi a^2b\,(\text{cm}^3)$

$4\pi a^2b\div 2\pi a^2b=2$

よって，Aの体積はBの体積の2倍。

13 等式の変形① 本冊P.18

1 (1) $y=3x-6$　(2) $x=-4y-7$

(3) $y=-3x+2$　(4) $x=-6y-2$

(5) $y=\dfrac{3x+15}{5}$

2 (1) $y=\dfrac{x-3z}{2}$　(2) $a=\dfrac{m}{6}-b$

(3) $a=\dfrac{2S}{h}$　(4) $r=\dfrac{S}{2\pi h}$

(5) $h=\dfrac{V}{\pi r^2}$

解説

「yについて解く」ということは，「$y=$～」の形にすることである。

1 (1) $3x$を移項(いこう)して，$-y=-3x+6$

両辺に-1をかけて，$y=3x-6$

14 等式の変形② 本冊P.19

1 (1) $y=\dfrac{-5x+1800}{8}$

(2) $x=\dfrac{-8y+1800}{5}$

(3) $x=200$

2 (1) $y=-3x+2160$

(2) $y=360$

(3) $x=420$

3 6倍

解説

2 (1)　時間$=\dfrac{\text{道のり}}{\text{速さ}}$より，時間の関係について，

$\dfrac{x}{60}+\dfrac{y}{180}=12$ が成り立つ。これをyについて解く。

3 台形ABCDの面積は，

$(2x+3x)\times y\times\dfrac{1}{2}=\dfrac{5}{2}xy(\text{cm}^2)$

台形EFGHの面積は，

$(6x+9x)\times 2y\times\dfrac{1}{2}=15xy(\text{cm}^2)$

よって，$15xy\div\dfrac{5}{2}xy=6$(倍)

15 連立方程式と解①　本冊P.20

1 (1)　(左から)8，7，6，5，4，3，2，1

(2)　(左から)9，$\dfrac{15}{2}$，6，$\dfrac{9}{2}$，3，$\dfrac{3}{2}$，0，$-\dfrac{3}{2}$

(3)　$x=2$，$y=6$

2 (1)①　ア　14　イ　12　ウ　5　エ　6　オ　0

②　ア　-2　イ　2　ウ　4　エ　10　オ　10

(2)　$x=6$，$y=4$

16 連立方程式と解②　本冊P.21

1 **イ，ウ，オ**

2 **ウ，エ**

3 (1)　**エ**　(2)　**イ**　(3)　**ウ**

解説

1 x，yの値(あたい)を方程式に代入して，左辺＝右辺となるものを選ぶ。

左辺にx，yの値を代入すると，

ア…$-3+2\times6=9$

イ…$-2+2\times5=8$

ウ…$4+2\times2=8$

エ…$7+2\times1=9$

オ…$10+2\times(-1)=8$

よって，左辺＝右辺になるのは**イ，ウ，オ**

2 左辺にx，yの値を代入すると，

ア…$2\times(-4)-5\times8=-48$

イ…$2\times0-5\times2=-10$

ウ…$2\times2-5\times(-1)=9$

エ…$2\times7-5\times1=9$

オ…$2\times12-5\times4=4$

よって，左辺＝右辺になるのは**ウ，エ**

3 x，yの値を方程式に代入して，2つの方程式がどちらも左辺＝右辺となるものを選ぶ。

17 加減法① 本冊P.22

1 (1) $x=5,\ y=-2$

(2) $x=4,\ y=-3$

(3) $x=3,\ y=-\frac{4}{3}$

(4) $x=1,\ y=6$

(5) $x=-2,\ y=-5$

(6) $x=-4,\ y=2$

2 (1) $x=1,\ y=-3$

(2) $x=2,\ y=4$

(3) $x=4,\ y=3$

(4) $x=3,\ y=-1$

解説

1 (2) $\begin{cases} x-2y=10\cdots① \\ 3x+2y=6\cdots② \end{cases}$

①+②より，$4x=16$　$x=4$

$x=4$ を①に代入して，$4-2y=10$　$y=-3$

(4) $\begin{cases} x-y=-5\cdots① \\ x+2y=13\cdots② \end{cases}$

②−①より，$3y=18$　$y=6$

$y=6$ を②に代入して，$x+12=13$　$x=1$

18 加減法② 本冊P.23

1 (1) $x=2,\ y=-1$

(2) $x=-3,\ y=2$

(3) $x=-3,\ y=2$

(4) $x=3,\ y=1$

(5) $x=1,\ y=-1$

(6) $x=3,\ y=\frac{1}{2}$

(7) $x=2,\ y=3$

(8) $x=2,\ y=-1$

(9) $x=2,\ y=-3$

(10) $x=-5,\ y=4$

解説

1 (1) $\begin{cases} 3x+2y=4\cdots① \\ 2x-5y=9\cdots② \end{cases}$

①×2−②×3 より，$19y=-19$　$y=-1$

$y=-1$ を①に代入して，$3x-2=4$　$3x=6$

$x=2$

19 代入法① 本冊P.24

1 (1) $y=3x-1$

(2) $x=-2,\ y=-7$

2 (1) $x=-2y+3$

(2) $x=-1,\ y=2$

3 (1) $x=2,\ y=-7$

(2) $x=4,\ y=-8$

(3) $x=2,\ y=3$

(4) $x=9,\ y=6$

(5) $x=3,\ y=-2$

(6) $x=3,\ y=-2$

解説

1 (2) $\begin{cases} y=3x-1\cdots①' \\ x-2y=12\cdots② \end{cases}$

①´を②に代入して，$x-2(3x-1)=12$

$x-6x+2=12 \quad -5x=10 \quad x=-2$

$x=-2$ を①´に代入して，

$y=3\times(-2)-1=-7$

3 (5) $\begin{cases} x-2y=7\cdots① \\ 3x+4y=1\cdots② \end{cases}$

①より，$x=2y+7\cdots①'$

①´を②に代入して，$3(2y+7)+4y=1$

$6y+21+4y=1 \quad 10y=-20 \quad y=-2$

$y=-2$ を①´に代入して，

$x=2\times(-2)+7=3$

20 代入法② 本冊P.25

1 (1) $x=5,\ y=4$

(2) $x=2,\ y=15$

(3) $x=3,\ y=0$

(4) $x=-5,\ y=-4$

(5) $x=4,\ y=0$

(6) $x=6,\ y=1$

(7) $x=-15,\ y=5$

(8) $x=\frac{7}{2},\ y=\frac{1}{2}$

(9) $x=-2,\ y=-3$

(10) $x=5,\ y=-1$

解説

1 (5) $\begin{cases} y=2x-8\cdots① \\ y=-3x+12\cdots② \end{cases}$

①を②に代入して，

$2x-8=-3x+12 \quad 5x=20 \quad x=4$

$x=4$ を①に代入して，$y=2\times4-8=0$

21 いろいろな連立方程式の解き方① 本冊P.26

1 (1) $x=5,\ y=-2$

(2) $x=-6,\ y=4$

(3) $x=1,\ y=0$

(4) $x=5,\ y=3$

2 (1) $x=1,\ y=1$

(2) $x=-1,\ y=-\frac{5}{3}$

(3) $x=-14,\ y=2$

解説

1 (1) $\begin{cases} 4(x+y)-x=7\cdots① \\ x-2y=9\cdots② \end{cases}$

①より，$3x+4y=7\cdots③$

②×2+③より，$5x=25 \quad x=5$

$x=5$ を②に代入して，

$5-2y=9 \quad -2y=4 \quad y=-2$

2 (2) $\begin{cases} x+3y=-6\cdots① \\ \frac{x}{3}-\frac{y-1}{2}=1\cdots② \end{cases}$

②×6 より，$2x-3(y-1)=6 \quad 2x-3y=3\cdots③$

①+③より，$3x=-3 \quad x=-1$

$x=-1$ を①に代入して，

$-1+3y=-6 \quad 3y=-5 \quad y=-\frac{5}{3}$

22 いろいろな連立方程式の解き方② 本冊P.27

1 (1) $x=2,\ y=-1$

(2) $x=2,\ y=-5$

(3) $x=-2,\ y=3$

(4) $x=5,\ y=4$

2 (1) $x=2,\ y=-1$

(2) $x=-18,\ y=18$

(3) $x=-2,\ y=-2$

解説

1 (1) $\begin{cases} 0.2x+0.3y=0.1\cdots① \\ 5x+2y=8\cdots② \end{cases}$

①×10 より，$2x+3y=1\cdots③$

②×3−③×2 より，$11x=22\quad x=2$

$x=2$ を②に代入して，

$10+2y=8\quad 2y=-2\quad y=-1$

2 $A=B=C$ の連立方程式は，

$\begin{cases} A=B \\ A=C \end{cases}$ $\begin{cases} A=B \\ B=C \end{cases}$ $\begin{cases} A=C \\ B=C \end{cases}$ のどれかの形にして解く。

23 連立方程式の利用① 本冊P.28

1 (1)① $x+y$ ② $90x+150y$

(2) りんご…7 個，なし…8 個

2 (1)① $5x+4y$ ② $7x+3y$

(2) 子ども…180 円，大人…300 円

3 75

解説

1 (1) (りんごの個数)＋(なしの個数)＝15(個)

より，$x+y=15$

(りんごの代金)＋(なしの代金)＝1830(円)

りんごの代金は $90x$ 円，なしの代金は $150y$ 円

だから，$90x+150y=1830$

3 もとの整数の十の位を a，一の位を b とすると，

$\begin{cases} a+b=12 \\ 10b+a=10a+b-18 \end{cases}$

これを解くと，$a=7,\ b=5$

よって，求める整数は 75

24 連立方程式の利用② 本冊P.29

1 (1)① $x+y$ ② $80x+200y$

(2) 8 分

2 (1)① $\dfrac{x}{80}+\dfrac{y}{100}$ ② $\dfrac{x}{100}+\dfrac{y}{80}$

(2) 1200m

3 (1)① $500+y$ ② $950-y$

(2) 速さ…秒速 25m，長さ…150m

解説

2 (1) 行きは上りが xm で下りが ym，帰りは上りが ym で下りが xm になる。

3 (1)①(鉄橋の長さ)＋(列車の長さ)＝$26x$

②列車全体がトンネル内にある間に進む道のりは，(トンネルの長さ)−(列車の長さ)だから，

(トンネルの長さ)−(列車の長さ)＝$32x$

25 1次関数 本冊P.30

1 (1) (左から)10，28，34

(2) $y=6x+4$

2 ア，ウ

3 (1) $y=2x+10$ 1次関数である

(2) $y=6x^2$ 1次関数ではない

(3) $y=-120x+1500$ 1次関数である

(4) $y=200x$ 1次関数である

(5) $y=\dfrac{200}{x}$ 1次関数ではない

解説

yがxの関数で，yがxの1次式で表されるものを1次関数という。

1次関数は，$y=ax+b$（a，bは定数）の形で表される。

3 (4) 比例は1次関数の特別な場合である。

26 1次関数の値の変化 本冊P.31

1 (1) -1，3，7

(2) 2　(3) 8

2 (1) 8　(2) -1

3 (1) 2　(2) 5

解説

1次関数$y=ax+b$の変化の割合はaで一定である。

$$(\text{変化の割合})=\frac{(y\text{の増加量})}{(x\text{の増加量})}=a$$

1 (3) 変化の割合は2で一定である。xの増加量は$7-3=4$だから，

$\dfrac{(y\text{の増加量})}{4}=2$　$(y\text{の増加量})=2\times4=8$

3 (2) $\dfrac{20}{(x\text{の増加量})}=4$

$(x\text{の増加量})=20\div4=5$

27 1次関数のグラフ① 本冊P.32

1 (1) (左から)-4，-1，2，5，8，11

(2)

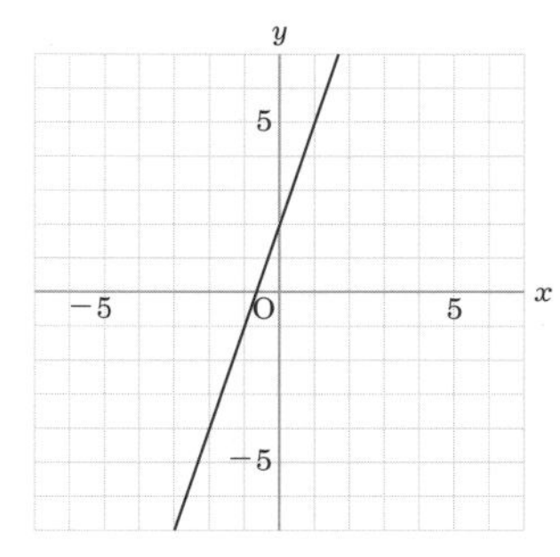

(3) y軸(じく)の正の方向に2だけ平行移動させたグラフ

2 (1) 5　(2) $-\dfrac{2}{5}$

3 (1) -1　(2) $\dfrac{7}{2}$

4 ① 3　② -1

③ 3

解説

1次関数$y=ax+b$のグラフにおいて，aは傾(かたむ)き，bは切片を表す。

28 1次関数のグラフ② 本冊P.33

1

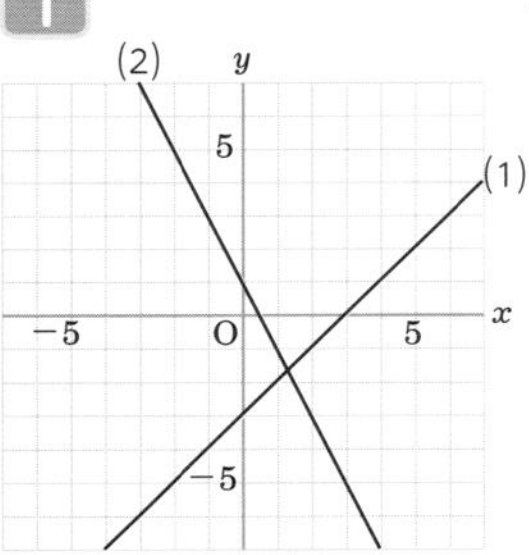

2

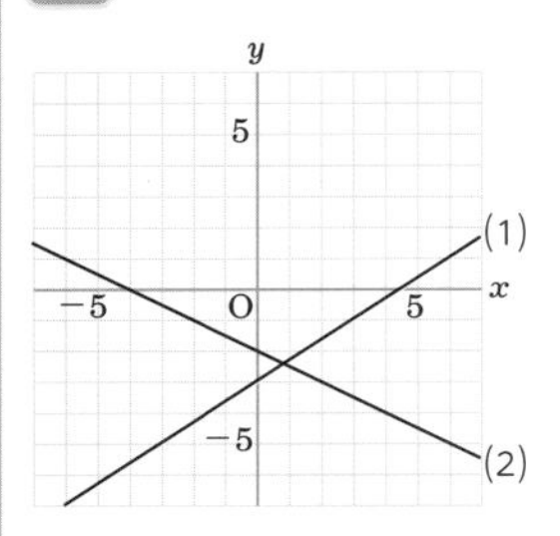

3 (1)　　(2)　$-5 \leqq y \leqq 3$

解説

1 (1)　$(0,\ -3)$と$(1,\ -2)$を通る直線

2 (1)　$(0,\ -3)$と$(3,\ -1)$を通る直線

(2)　$(0,\ -2)$と$(2,\ -3)$を通る直線

3 (1)　変域内の部分は実線，変域外の部分は点線でかく。$-2 \leqq x \leqq 2$ は$x=-2$，$x=2$を含(ふく)むので，$(-2,\ -5)$，$(2,\ 3)$は●で表す。

29 1次関数の式の求め方① 本冊P.34

1 ①　$y=-x-1$　②　$y=3x+3$

③　$y=-\dfrac{1}{2}x-3$　④　$y=\dfrac{2}{3}x+2$

2 (1)　$y=-2x+7$　(2)　$y=-x+5$

(3)　$y=\dfrac{7}{2}x+5$

解説

1 ①　切片は-1で，傾(かたむ)きは$\dfrac{-1}{1}=-1$だから，関数の式は$y=-x-1$

2 (1)　変化の割合が-2なので，1次関数の式を$y=-2x+b$とおく。$x=1$，$y=5$を代入すると，$b=7$　よって，$y=-2x+7$

30 1次関数の式の求め方② 本冊P.35

1 (1)　$y=-x+5$　(2)　$y=-3x-1$

(3)　$y=-3x+10$　(4)　$y=-\dfrac{5}{2}x-1$

2 (1)　$y=3x-5$　(2)　$y=2x+5$

3 $y=-\dfrac{2}{3}x+1$

解説

1 (1)　変化の割合は，$\dfrac{0-4}{5-1}=-1$なので，直線の式を$y=-x+b$とおく。$x=5$，$y=0$を代入すると，$b=5$　よって，$y=-x+5$

2 (2)　直線$y=2x-4$に平行なので，求める直線の式を$y=2x+b$とおく。$x=-1$，$y=3$を代入すると，$b=5$　よって，$y=2x+5$

31 1次関数と方程式①　本冊P.36

1

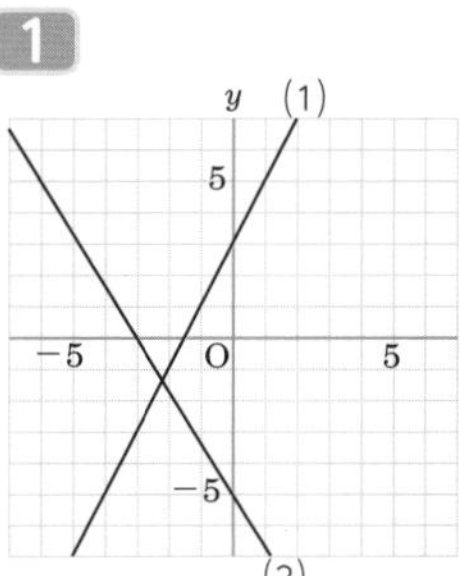

2

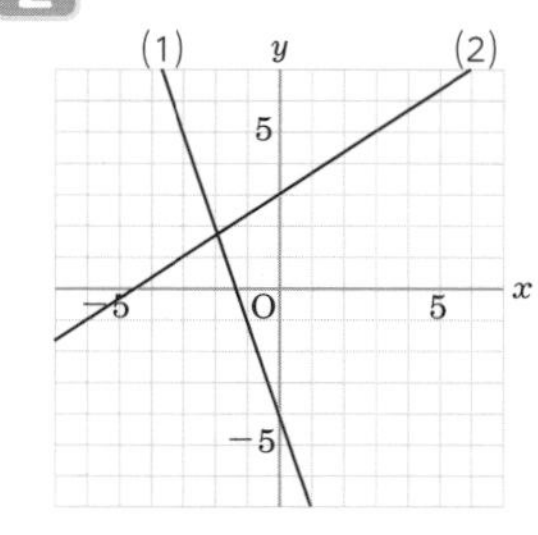

3

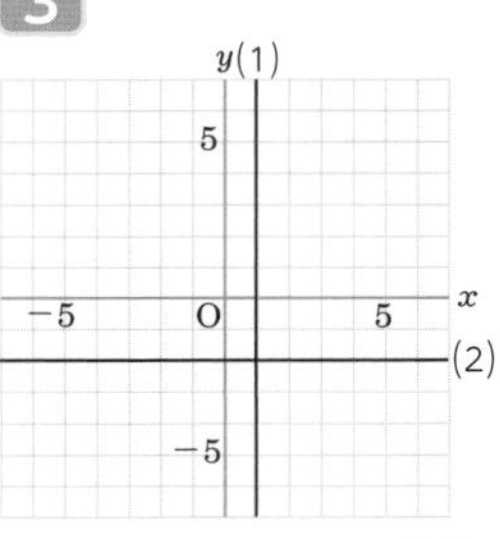

解説

3 $x=p$ のグラフは y 軸(じく)に平行なグラフになり，$y=q$ のグラフは x 軸に平行なグラフになる。

32 1次関数と方程式②　本冊P.37

1 右の図より，

$x=-2$,

$y=-2$

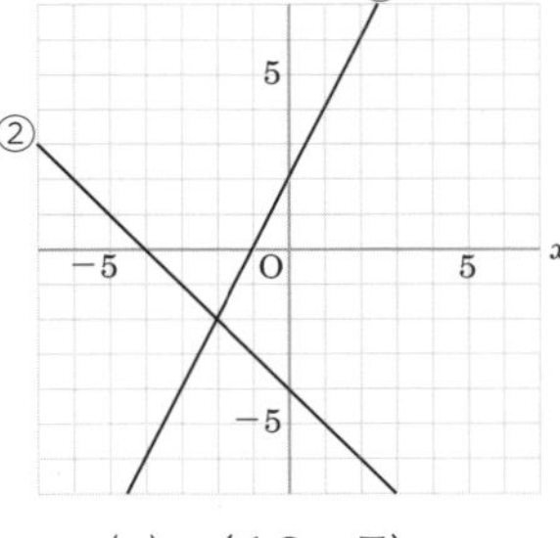

2 (1)　(1，−2)

(2)　(2，3)

3 (1)　$\left(\dfrac{9}{8},\ \dfrac{5}{4}\right)$　(2)　(16，7)

解説

1 2本のグラフの交点が連立方程式の解になる。

2 (2)　連立方程式 $\begin{cases} 2x-y=1 \cdots ① \\ x+y=5 \ \cdots ② \end{cases}$ を解く。

①＋②より，$3x=6$　$x=2$

$x=2$ を②に代入して，$2+y=5$　$y=3$

よって，交点の座標は(2，3)

3 (1)　直線①は，$y=-\dfrac{2}{3}x+2$

直線②は，$y=2x-1$

連立方程式として解くと，$x=\dfrac{9}{8}$，$y=\dfrac{5}{4}$

(2)　直線③は，$y=\dfrac{1}{4}x+3$

直線④は，$y=\dfrac{3}{4}x-5$

33 1次関数の利用①　本冊P.38

1 (1)　$y=-\dfrac{3}{2}x+25$

(2)　12分後

2 (1)　分速60m　(2)　下の図

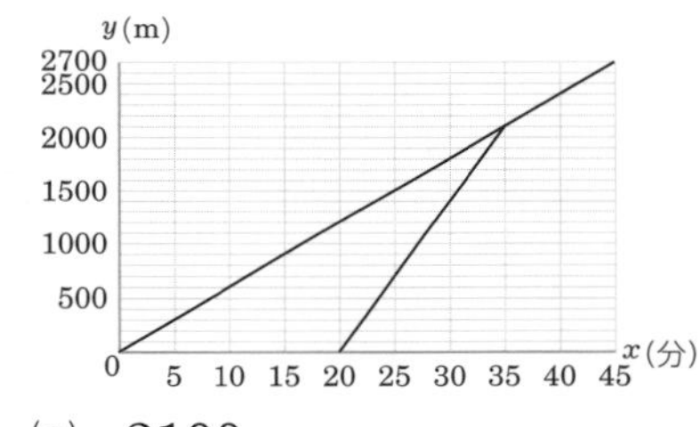

(3)　2100m

解説

2 (2)　姉はAさんが家を出てから20分後に出発するので，(20，0)を通る。また，10分間で1400m進むので，(30，1400)を通る。

34 1次関数の利用② 本冊P.39

1 (1)① $y = 6x$, $0 \leqq x \leqq 16$

② $y = 96$, $16 \leqq x \leqq 28$

(2) 60cm^2

2 (1) $y = 12x$, $0 \leqq x \leqq 4$

(2) 下の図

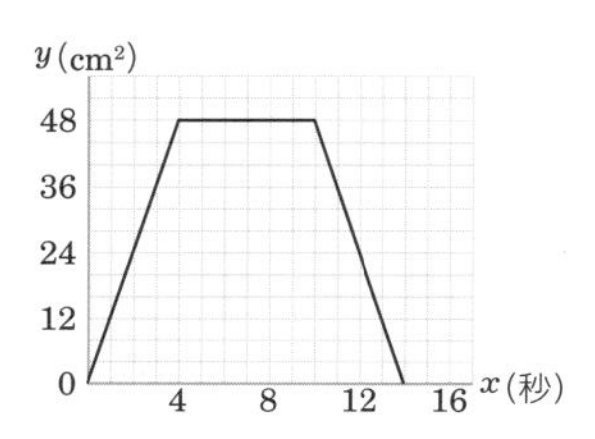

解説

1 (1)① BP = $x$cmなので,

$y = \frac{1}{2} \times \text{BP} \times \text{AB} = \frac{1}{2} \times x \times 12 = 6x$

② 底辺AB, 高さADになるから,

$y = \frac{1}{2} \times 12 \times 16 = 96$

2 (1) AP = $2x$cmなので,

$y = \frac{1}{2} \times \text{AP} \times \text{AD} = \frac{1}{2} \times 2x \times 12 = 12x$

35 直線と角 本冊P.40

1 $\angle a = 40^\circ$ $\angle b = 20^\circ$ $\angle c = 120^\circ$

2 直線ℓと直線n

3 (1) 84° (2) 42°

4 (1) 70° (2) 62°

解説

1 対頂角は等しいから, $\angle a = 40^\circ$, $\angle c = 120^\circ$

$\angle b = 180^\circ - (40^\circ + 120^\circ) = 20^\circ$

2 2直線に1つの直線が交わるとき, 同位角, 錯角(さっかく)が等しければ, 2直線は平行。

3 (1) ℓ, mに平行な直線nをひくと, $\angle a = 50^\circ$, $\angle b = 34^\circ$になるから,

$\angle x = 50^\circ + 34^\circ = 84^\circ$

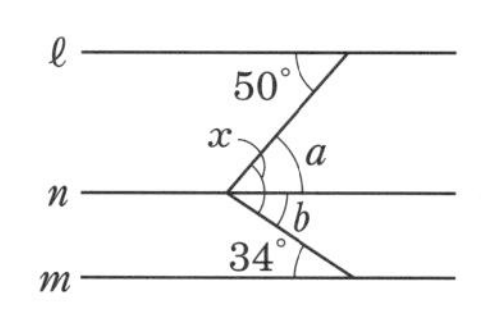

36 三角形の角① 本冊P.41

1 (1) 60° (2) 64°

(3) 100° (4) 143°

(5) 96° (6) 78°

2 (1) 54° (2) 28°

解説

1 (1) $\angle x = 180^\circ - (70^\circ + 50^\circ) = 60^\circ$

(3) 三角形の外角の性質より,

$\angle x = 35^\circ + 65^\circ = 100^\circ$

2 (1) 三角形の外角の性質より,

$\angle x + 35^\circ = 48^\circ + 41^\circ$ $\angle x = 54^\circ$

37 三角形の角② 本冊P.42

1 (1) 鋭角三角形(えいかくさんかくけい) (2) 直角三角形

2 (1) 60° (2) 35° (3) 88°

(4) 33° (5) 35° (6) 20°

解説

1 三角形の 3 つの角のうち，もっとも大きい $\angle a$ の大きさが，

$\angle a < 90^\circ$ のとき…鋭角三角形，

$\angle a = 90^\circ$ のとき…直角三角形，

$\angle a > 90^\circ$ のとき…鈍角三角形（どんかくさんかくけい）

2 (1)　右の図で，

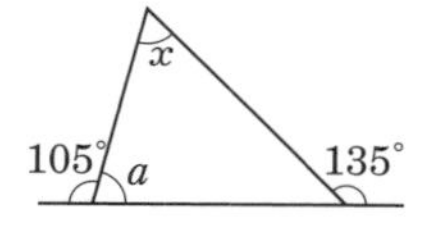

$\angle a = 180^\circ - 105^\circ$

$= 75^\circ$

$\angle x = 135^\circ - 75^\circ = 60^\circ$

(2)　右の図で，

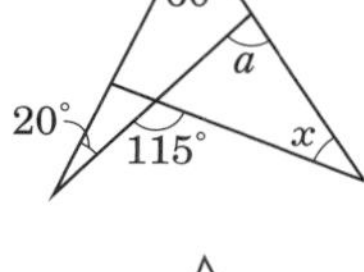

$\angle a = 60^\circ + 20^\circ = 80^\circ$

$\angle x = 115^\circ - 80^\circ = 35^\circ$

(3)　右の図で，

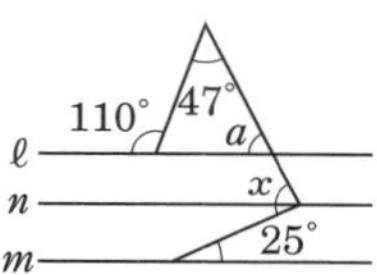

$\angle a = 110^\circ - 47^\circ = 63^\circ$

ℓ，m に平行な直線 n をひくと，

$\angle x = 63^\circ + 25^\circ = 88^\circ$

38 多角形の内角と外角① 本冊P.43

1 (1)　1440°　(2)　1980°

(3)　140°　(4)　156°

2 (1)　125°　(2)　82°

(3)　105°

解説

1 (n 角形の内角の和) $= 180^\circ \times (n-2)$

(3)　内角の和は，$180^\circ \times (9-2) = 1260^\circ$

よって，$1260^\circ \div 9 = 140^\circ$

2 (2)　多角形の外角の和は 360° だから，

$\angle x = 360^\circ - (82^\circ + 73^\circ + 81^\circ + 42^\circ) = 82^\circ$

39 多角形の内角と外角② 本冊P.44

1 (1)　68°　(2)　42°

(3)　112°　(4)　60°

2 (1)　36°　(2)　44°

解説

1 (3)　右の図で，

$\angle a = 360^\circ - (28^\circ + 84^\circ + 44^\circ + 75^\circ + 61^\circ) = 68^\circ$

$\angle x = 180^\circ - 68^\circ = 112^\circ$

(4)　右の図で，ℓ，m に平行な直線 n をひくと，

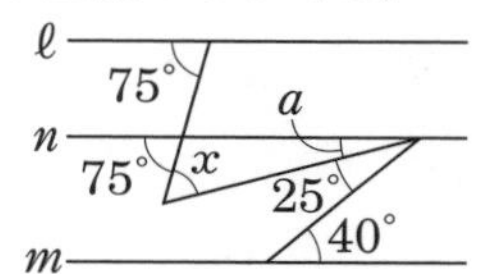

$\angle a = 40^\circ - 25^\circ = 15^\circ$

$\angle x = 75^\circ - 15^\circ = 60^\circ$

2 (2)　○+2●+32° = 180°

● = 41° +○だから，

○+2(41° +○) +32° = 180°

3○+114° = 180°　○ = 22°

よって，$\angle x = 2 \times 22^\circ = 44^\circ$

40 三角形の合同 本冊P.45

1 (1)　△ABC ≡ △DFE

(2)　6cm　(3)　65°

2 (1)　辺DC　(2)　∠D

(3)　辺AC　(4)　∠DBC

3 (1)　四角形PONM

(2)　点M　(3)　辺PO

41 三角形の合同条件① 本冊P.46

1 ① 3組の辺

② 2組の辺とその間の角

③ 1組の辺とその両端(りょうたん)の角

2 **ア**と**カ**，1組の辺とその両端の角がそれぞれ等しい

イと**キ**，3組の辺がそれぞれ等しい

ウと**ク**，2組の辺とその間の角がそれぞれ等しい

3 **イ**，**ウ**

解説

3 **イ**…2組の辺とその間の角がそれぞれ等しい。

ウ…1組の辺とその両端の角がそれぞれ等しい。

42 三角形の合同条件② 本冊P.47

1 (1) △ABC≡△CDA，3組の辺がそれぞれ等しい

(2) △ABC≡△DCB，1組の辺とその両端(りょうたん)の角がそれぞれ等しい

(3) △ABE≡△CDE，2組の辺とその間の角がそれぞれ等しい

(4) △ABC≡△AED，1組の辺とその両端の角がそれぞれ等しい

(5) △ABE≡△ACD，2組の辺とその間の角がそれぞれ等しい

2 **イ**，**ウ**

解説

1 (4) △ABCと△AEDにおいて，

AC＝AD…①，∠BAC＝∠EAD…②

∠ABC＝∠AED…③

②，③より，

∠ACB＝∠ADE…④

①，②，④より，1組の辺とその両端の角がそれぞれ等しいので，△ABC≡△AED

2 **ア**…どの2角が等しいかわからないので，合同とはいえない。

イ，**ウ**…3組の辺がそれぞれ等しい。

エ…次の図のような場合が考えられるので，合同とはいえない。

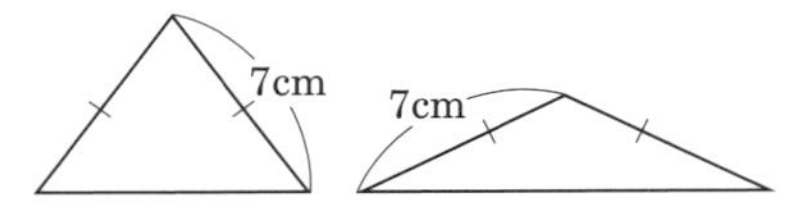

オ…次の図のような場合が考えられるので，合同とはいえない。

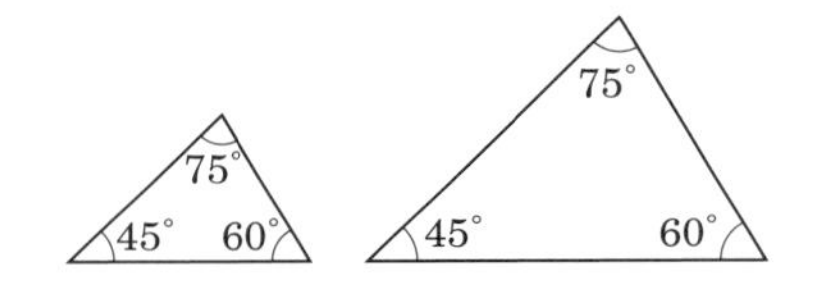

43 証明① 本冊P.48

1 (1) 仮定…OA＝OB，OC＝OD
結論…AC＝BD
(2) 仮定…OA＝OB，∠A＝∠B
結論…OC＝OD

2 (1) 仮定…AC＝DB，∠ACB＝∠DBC
結論…AB＝DC
(2) △ABCと△DCB

3 ① ABC　② DCB
③ DB　④ DBC
⑤ CB
⑥ 2組の辺とその間の角

44 証明② 本冊P.49

1 ① DO　② BOD
③ 2組の辺とその間の角
④ 辺

2 △AOBと△CODにおいて，
仮定より，AB＝CD…(i)
AB∥CDより，錯角(さっかく)が等しいから，
∠BAO＝∠DCO…(ii)
∠ABO＝∠CDO…(iii)
(i)，(ii)，(iii)より，1組の辺とその両端(りょうたん)の角がそれぞれ等しいから，
△AOB≡△COD
対応する辺は等しいから，
AO＝CO

45 証明③ 本冊P.50

1 ① PAE　② PEA　③ APE
④ 1組の辺とその両端の角

2 △ABEと△ACDにおいて，
仮定より，AB＝AC…(i)
AE＝$\frac{1}{2}$AC，AD＝$\frac{1}{2}$AB…(ii)
(i)，(ii)より，AE＝AD…(iii)
共通な角だから，∠BAE＝∠CAD…(iv)
(i)，(iii)，(iv)より，2組の辺とその間の角がそれぞれ等しいから，
△ABE≡△ACD
対応する角は等しいから，
∠B＝∠C

解説

1 三角形の内角から，2つの角が等しい場合，3つ目の角も等しくなることを利用する。

46 証明④ 本冊P.51

1 ① DC　② CB　③ DCB
④ 2組の辺とその間の角

2 △AEDと△CGDにおいて，
仮定より，
四角形ABCDは正方形だから，
AD＝CD…(i)
四角形DEFGは正方形だから，
ED＝GD…(ii)
正方形の1つの内角は90°だから，
∠ADE＝90°＋∠CDE＝∠CDG…(iii)
(i)，(ii)，(iii)より，2組の辺とその間の角がそれぞれ等しいから，
△AED≡△CGD

47 二等辺三角形の性質① 本冊P.52

1 ① 2辺が等しい三角形
② 頂角 ③ 底角 ④ 底辺

2 ① ∠C ② ⊥ ③ CD

3 (1) 仮定…AB＝AC
結論…∠B＝∠C
(2) △ABMと△ACM

解説

3 (2) ∠B＝∠Cを示すので，∠Bと∠Cが対応する角になっている△ABMと△ACMの合同を証明すればよい。

48 二等辺三角形の性質② 本冊P.53

1 (1) 仮定…AB＝AC, ∠BAD＝∠CAD
結論…AD⊥BC，BD＝CD
(2) △ABDと△ACD

2 ① 2組の辺とその間の角
② CD ③ CDA ④ 90

解説

1 (2) AB＝AC, ∠BAD＝∠CADがわかっているので，これらを含(ふく)む△ABDと△ACDの合同を証明すればよい。

49 二等辺三角形の性質③ 本冊P.54

1 (1) 53° (2) 36°
(3) 62° (4) 114°

2 (1) 40° (2) 102°
(3) 10°

解説

1 (1) $(180°-74°)\div 2=53°$
(2) $180°-72°\times 2=36°$
(4) $(180°-48°)\div 2=66°$　$180°-66°=114°$

2 (3) $\ell /\!/ m$より錯角(さっかく)が等しいから，$\angle x+75°=85°$
よって，$\angle x=85°-75°=10°$

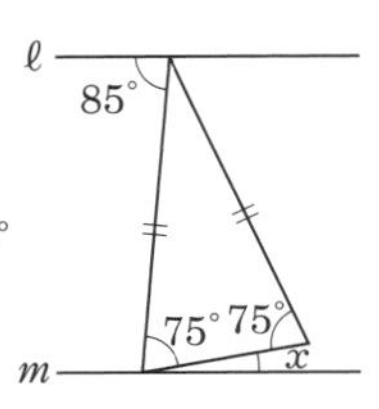

50 正三角形の性質 本冊P.55

1 ① 3辺が等しい三角形
② 60

2 (1) 120° (2) 30°

3 ① BDC ② BD
③ BC ④ 3組の辺

解説

2 (2) 正方形の1つの内角は90°だから，
$\angle x=90°-60°=30°$

51 二等辺三角形になるための条件① 本冊P.56

1 (1) △ABCで∠A＝60°ならば，
△ABCは正三角形である。
正しくない
反例…(例)∠A＝60°，∠B＝50°，
∠C＝70°の三角形

(2) 四角形で向かい合う2組の辺がそれぞれ平行ならば，平行四辺形である。
正しい

2 ① CE ② ACE
③ 2組の辺とその間の角
④ AE

3 △MBDと△MCEにおいて，
仮定より，BD＝CE…(i)，MD＝ME…(ii)
MはBCの中点だから，BM＝CM…(iii)
(i)，(ii)，(iii)より，3組の辺がそれぞれ等しいから，△MBD≡△MCE
対応する角は等しいから，∠B＝∠C
2つの角が等しいから，△ABCは二等辺三角形である。

解説

1 あることがらについて，仮定は成り立つが結論は成り立たない例のことを，反例という。

3 2つの角が等しい三角形は二等辺三角形である(定理)。
△MBD≡△MCEを証明し，∠B＝∠Cより，△ABCが二等辺三角形であることを導く。

52 二等辺三角形になるための条件② 本冊P.57

1 ① BDF ② DBF
③ 2つの角

2 △ADQと△ACPにおいて，
仮定より，
△ABCと△ADEは合同な二等辺三角形なので，AD＝AC…(i)
∠ADQ＝∠ACP…(ii)
共通な角だから，∠DAQ＝∠CAP…(iii)
(i)，(ii)，(iii)より，1組の辺とその両端(りょうたん)の角がそれぞれ等しいから，
△ADQ≡△ACP
対応する辺は等しいから，AP＝AQ

解説

2 APとAQを含(ふく)む△ADQと△ACPの合同を証明し，対応する辺からAP＝AQを導く。

53 直角三角形の合同条件① 本冊P.58

1 ① 斜辺(しゃへん)と他の1辺
② 斜辺と1つの鋭角(えいかく)

2 **イとエ**，直角三角形の斜辺と他の1辺がそれぞれ等しい
ウとオ，直角三角形の斜辺と1つの鋭角がそれぞれ等しい

3 (1) △CBE，直角三角形の斜辺と他の1辺がそれぞれ等しい
(2) △BMD，直角三角形の斜辺と1つの鋭角がそれぞれ等しい

解説

3 (1) 仮定より，BE＝CD
共通な辺だから，BC＝CB
(2) 仮定より，AM＝BM
対頂角より，∠AMC＝∠BMD

54 直角三角形の合同条件② 本冊P.59

1 ① BDC　② DCB
③ 直角三角形の斜辺(しゃへん)と 1 つの鋭角(えいかく)

2 △BMP と△CMQ において，
仮定より，∠BPM＝∠CQM＝90°…(ⅰ)
BM＝CM…(ⅱ)
対頂角は等しいから，
∠BMP＝∠CMQ…(ⅲ)
(ⅰ)，(ⅱ)，(ⅲ)より，直角三角形の斜辺と 1 つの鋭角がそれぞれ等しいから，
△BMP≡△CMQ
対応する辺は等しいから，BP＝CQ

55 平行四辺形の性質① 本冊P.60

1 ① 2 組の対辺がそれぞれ平行な四角形
② DC　③ BC

2 ① 2 組の対辺　② 2 組の対角
③ 対角線　④ 中点

3 (1) DC　(2) DCB
(3) OC

56 平行四辺形の性質② 本冊P.61

1 ① DCA　② DAC
③ 1 組の辺とその両端(りょうたん)の角
④ DCB

2 △ABO と△CDO において，
仮定より，
平行四辺形の対辺は等しいから，
AB＝CD…(ⅰ)
平行線の錯角(さっかく)が等しいから，
∠BAO＝∠DCO…(ⅱ)
∠ABO＝∠CDO…(ⅲ)
(ⅰ)，(ⅱ)，(ⅲ)より，1 組の辺とその両端の角がそれぞれ等しいから，
△ABO≡△CDO
対応する辺は等しいから，
OA＝OC，OB＝OD
よって，平行四辺形の対角線はそれぞれの中点で交わる。

解説

2 △ABO と△CDO，または△ADO と△CBO の合同を証明すればよい。

57 平行四辺形の性質③　本冊P.62

1 (1) $x=6$　(2) $x=115$
(3) $x=92$　(4) $x=140$

2 △OAPと△OCQにおいて，
Oは平行四辺形の対角線の交点だから，
OA＝OC…(i)
AB∥DCより，錯角(さっかく)が等しいから，
∠OAP＝∠OCQ…(ii)
対頂角は等しいから，
∠AOP＝∠COQ…(iii)
(i)，(ii)，(iii)より，1組の辺とその両端(りょうたん)の角がそれぞれ等しいから，
△OAP≡△OCQ
対応する辺は等しいから，
OP＝OQ

解説

1 (1) 平行四辺形の対辺は等しい。
(2) 平行四辺形の対角は等しい。
(4) AD∥BCより，
錯角が等しいから，
∠AEB＝20°

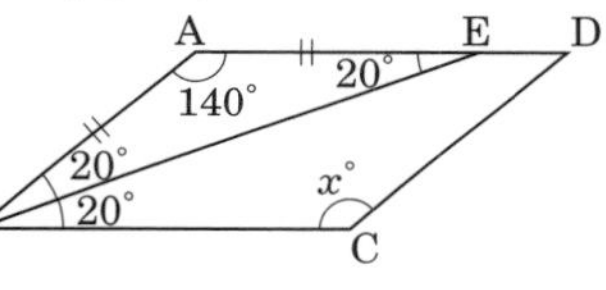

△ABEは二等辺三角形だから，
∠BAE＝180°−20°×2＝140°
平行四辺形の対角は等しいから，
∠BCD＝∠BAE＝140°　よって，$x=140$

2 OPとOQを含(ふく)む△OAPと△OCQの合同を証明すればよい。

58 平行四辺形になるための条件①　本冊P.63

1 ① BC　② CQ
③ RQ　④ 2組の対辺

2 ウ

解説

2 ∠A＝∠Cかつ∠B＝∠Dであるものを選ぶ。

59 平行四辺形になるための条件②　本冊P.64

1 ① EDM　② 1組の辺とその両端(りょうたん)の角
③ DE
④ 1組の対辺が平行で長さが等しい

2 △ABEと△CDFにおいて，
平行四辺形の対辺は等しいから，
AB＝CD…(i)
AB∥DCより，錯角(さっかく)が等しいから，
∠ABE＝∠CDF…(ii)
仮定より，∠BAE＝∠DCF…(iii)
(i)，(ii)，(iii)より，1組の辺とその両端の角がそれぞれ等しいから，
△ABE≡△CDF
対応する辺や角は等しいから，
AE＝CF…(iv)，∠BEA＝∠DFC
また，∠AEF＝180°−∠BEA，
∠CFE＝180°−∠DFCより，
∠AEF＝∠CFE…(v)
(v)より，錯角が等しいから，
AE∥FC…(vi)
(iv)，(vi)より，1組の対辺が平行で長さが等しいから，四角形AECFは平行四辺形である。

解説

1 ABとCEの平行はわかっているので，
AB＝DEを証明すればよい。

60 平行四辺形になるための条件③ 本冊P.65

1 仮定より，$AB /\!/ DC$，$AB /\!/ EF$

よって，$DC /\!/ EF$…(i)

また仮定より，$AB = DC$，$AB = EF$

よって，$DC = EF$…(ii)

(i)，(ii)より，1 組の対辺が平行で長さが等しいから，四角形 DEFC は平行四辺形

2 (1) 仮定より，$AD /\!/ BC$…(i)，

$AD = BC$…(ii)

また，仮定より，$DH : HA = BF : FC$

これと(ii)より，$AH = CF$…(iii)

(i)，(iii)より，1 組の対辺が平行で長さが等しいから，四角形 AFCH は平行四辺形である。

(2) (1)より，$AF /\!/ HC$…(iv)

同様にして $ED /\!/ BG$…(v)

(iv)，(v)より，2 組の対辺が平行だから，四角形 PQRS は平行四辺形である。

61 特別な平行四辺形① 本冊P.66

1 ① 角　② 辺

③ 角，辺

2 ① 長さは等しい

② 垂直に交わる

③ 長さが等しく垂直に交わる

3 ① ア　② ウ

③ ウ　④ ア

62 特別な平行四辺形② 本冊P.67

1 ① ADF　② ADF

③ 1 組の辺とその両端(りょうたん)の角

④ 4 つの辺

2 $AD /\!/ BC$ より，$\angle A + \angle B = 180°$

$\triangle ABG$ において，

$\angle BAG + \angle ABG = \frac{1}{2}\angle A + \frac{1}{2}\angle B$

$= \frac{1}{2}(\angle A + \angle B) = 90°$

よって，$\angle AGB = 90°$…(i)

同様にして，$\angle CED = 90°$…(ii)

$AB /\!/ CD$ より，$\angle A + \angle D = 180°$

$\triangle AHD$ において，

$\angle DAH + \angle ADH = \frac{1}{2}\angle A + \frac{1}{2}\angle D$

$= \frac{1}{2}(\angle A + \angle D) = 90°$

よって，$\angle AHD = 90°$

対頂角は等しいから，$\angle EHG = 90°$…(iii)

同様にして，$\angle EFG = 90°$…(iv)

(i)～(iv)より，4 つの角が等しいから，四角形 EFGH は長方形である。

解説

2 長方形であることを証明するので，4 つの角が等しくなることを証明する。

▱ABCD において，$AD /\!/ BC$ より錯角(さっかく)が等しいことから，

$\angle A + \angle B = 180°$

となる性質も使う。

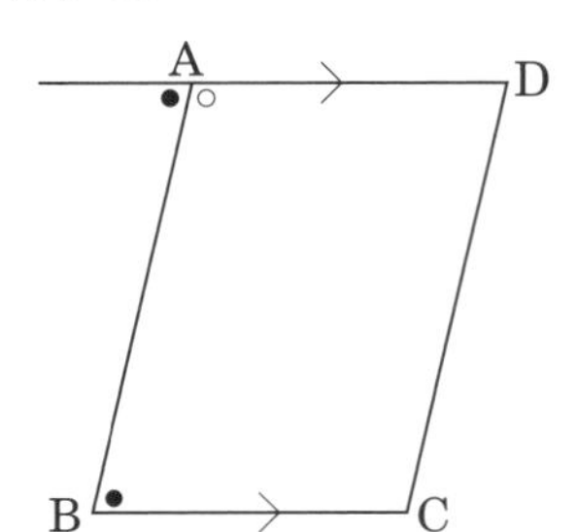

63 面積が等しい三角形① 本冊P.68

1 (1) △ADE (2) △BCD
(3) △ABE (4) △ABD

2

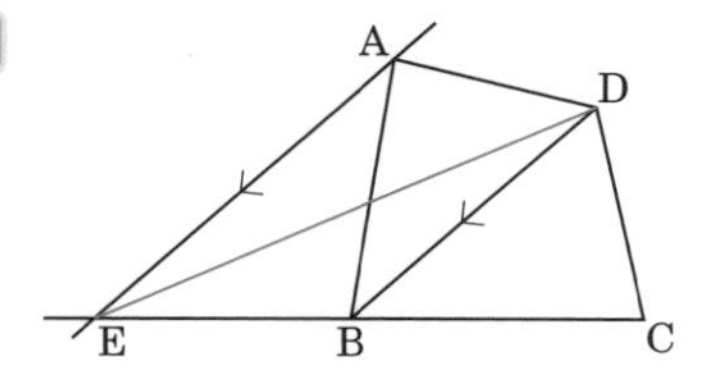

3

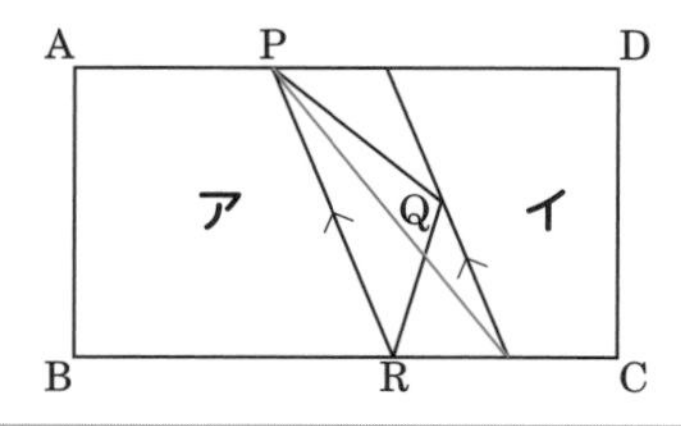

解説

2 点Aを通り，BDに平行な直線とCBの延長との交点をEとし，DEを結ぶ。

3 点Qを通り，PRに平行な直線をひき，BCとの交点と点Pを結ぶ。

64 面積が等しい三角形② 本冊P.69

1 ① DBN ② MCD ③ NCD

2 AD∥BC，EF∥BCより，AD∥EF
AD∥EFより，△AGF＝△DGF
よって，△ACF＝△AGF＋△GCF
＝△DGF＋△GCF＝△CDG

65 確率① 本冊P.70

1 (1) 右の図
(2) $\frac{1}{4}$
(3) $\frac{1}{2}$

2 $\frac{3}{8}$(図1)

3 $\frac{1}{3}$(図2)

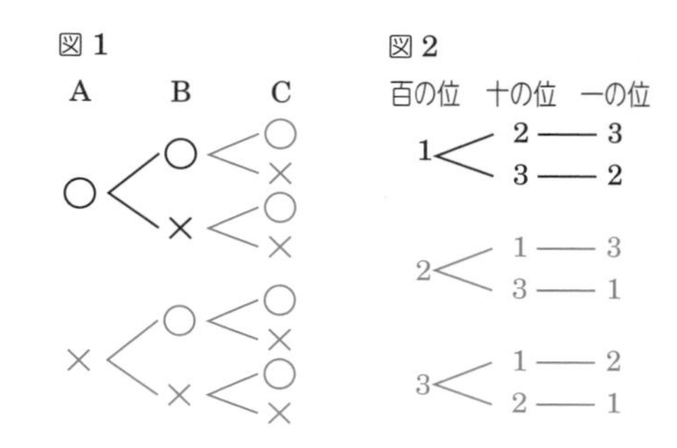

解説

1 (3) 樹形図より，表裏の出方は全部で4通り。1枚が表で1枚が裏になるのは2通りで，確率は，$\frac{2}{4}=\frac{1}{2}$

2 1枚が表で2枚が裏になるのは3通り。

3 偶数(ぐうすう)ができるのは一の位が2のときだから，2通り。

66 確率② 本冊P.71

1 (1) 図1　(2) $\dfrac{3}{10}$

2 $\dfrac{2}{3}$(図2)

3 $\dfrac{1}{3}$(図3)

4 $\dfrac{3}{5}$(図4)

図1

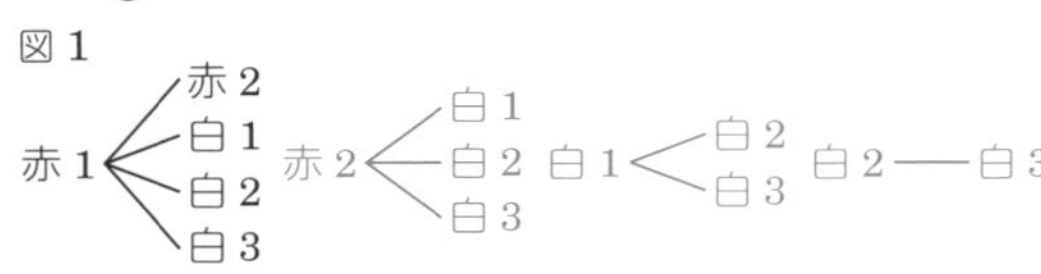

図2　図3

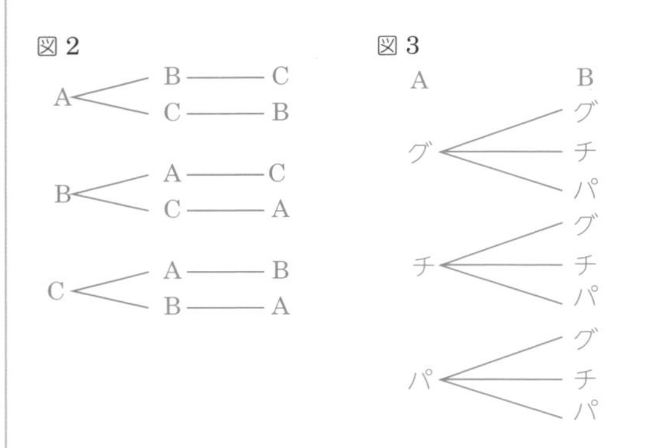

図4 あたりくじを①，②，はずれくじを1，2，3とする。

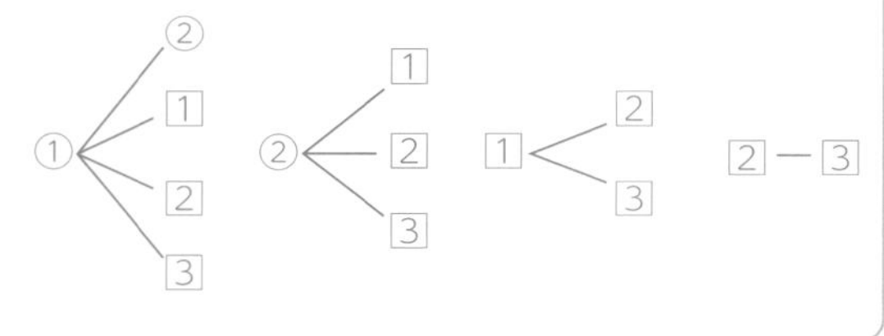

解説

1 (2) 樹形図は図1のようになる。2個とも白球になるのは3通り。

2 樹形図は図2のようになる。
Aさんと Bさんがとなり合って並ぶのは4通り。

3 樹形図は図3のようになる。あいこになるのは3通り。

4 樹形図は図4のようになる。

67 いろいろな確率① 本冊P.72

1 (1) 右の表
(2) $\dfrac{1}{6}$

2 $\dfrac{1}{2}$

3 $\dfrac{1}{3}$

B＼A	1	2	3	4	5	6
1	2	3	4	5	6	7
2	3	4	5	6	7	8
3	4	5	6	7	8	9
4	5	6	7	8	9	10
5	6	7	8	9	10	11
6	7	8	9	10	11	12

解説

2個のさいころを同時に投げるときの目の出方は全部で36通り。

1 (2) 出た目の数の和が7になるのは，6通り。

2 2けたの整数は全部で，12通り。
十の位の数が，一の位の数より大きくなるのは，21，31，32，41，42，43の6通り。

68 いろいろな確率② 本冊P.73

1 $\dfrac{2}{5}$　**2** $\dfrac{1}{9}$

3 $\dfrac{7}{18}$　**4** $\dfrac{5}{12}$

解説

1 カードのひき方は全部で15通り。
素数になるのは，(A，B)＝(1，1)，(1，3)，(1，7)，(2，3)，(3，1)，(3，7)の6通り。

2 じゃんけんの手の出し方は全部で27通り。
Aさんだけが勝つのは，Aさんだけがグー，チョキ，パーのそれぞれで勝つ場合の3通り。

3 2個のさいころを同時に投げるときの目の出方は全部で36通り。Aの出た目の数がBの出た目の数の約数になるのは，(A，B)＝(1，1)，(1，2)，(1，3)，(1，4)，(1，5)，(1，6)，(2，2)，(2，4)，(2，6)，(3，3)，(3，6)，(4，4)，(5，5)，(6，6)の14通り。

4 右の表より，1 枚目より 2 枚目にひいた数字のほうが大きくなるのは 5 通り。

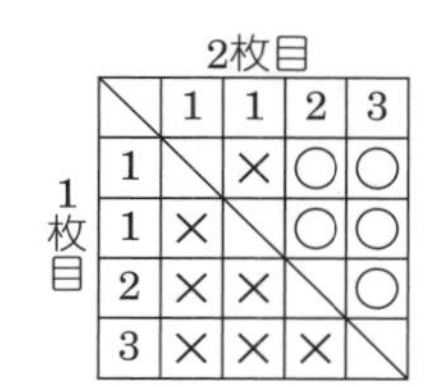

1枚目＼2枚目	1	1	2	3
1	＼	×	○	○
1	×	＼	○	○
2	×	×	＼	○
3	×	×	×	＼

69 起こらない確率 本冊 P.74

1 (1) $\frac{1}{13}$ (2) $\frac{12}{13}$

2 (1) $\frac{1}{12}$ (2) $\frac{11}{12}$

3 (1) $\frac{1}{3}$ (2) $\frac{2}{3}$

4 (1) $\frac{1}{3}$ (2) $\frac{2}{3}$

解説

1 (1) 2 のカードは 4 枚だから，$\frac{4}{52}=\frac{1}{13}$

(2) 2 のカードが出ない確率は，$1-\frac{1}{13}=\frac{12}{13}$

2 (1) 目の出方は全部で 36 通り。和が 3 以下になるのは，(A, B)＝(1, 1)，(1, 2)，(2, 1) の 3 通り。

(2) $1-\frac{1}{12}=\frac{11}{12}$

3 (1) カードのひき方は全部で 15 通り。積が 0 になるのは，(0, −2)，(0, −1)，(0, 1)，(0, 2)，(0, 3)の 5 通り。

(2) $1-\frac{1}{3}=\frac{2}{3}$

70 くじをひく順番と確率 本冊 P.75

1 (1) 下の表 (2) $\frac{2}{5}$ (3) 同じ

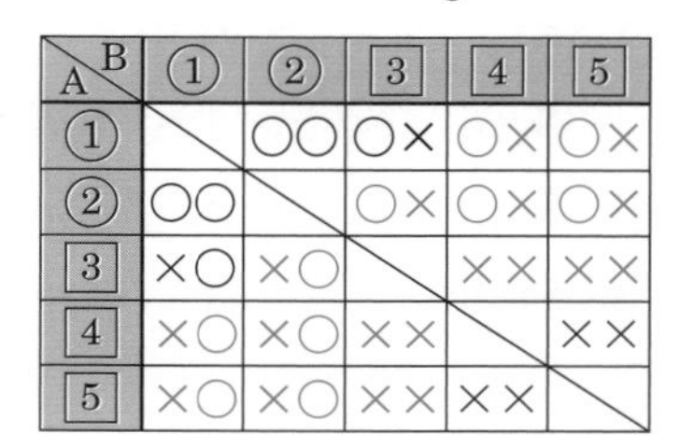

A＼B	①	②	3	4	5
①	＼	○○	○×	○×	○×
②	○○	＼	○×	○×	○×
3	×○	×○	＼	××	××
4	×○	×○	××	＼	××
5	×○	×○	××	××	＼

2 (1) $\frac{1}{2}$ (2) $\frac{1}{2}$

解説

1 (3) くじをひく順番に関係なく，あたる確率は同じになる。

2 あたりくじを○，はずれくじを1，2，3とすると，くじのひき方は下の 12 通り。

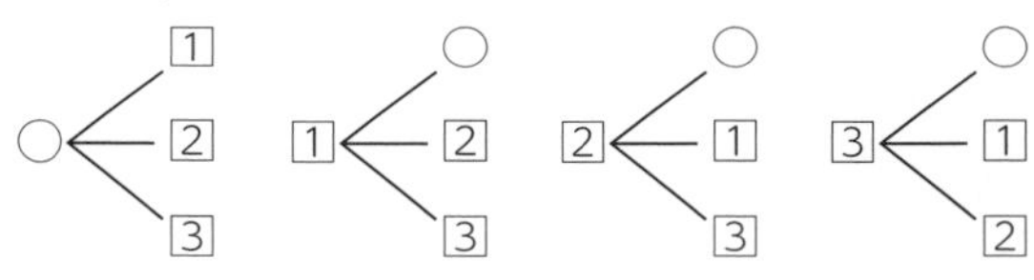

71 四分位数と四分位範囲① 本冊 P.76

1 (1) 2 冊 (2) 3 冊
(3) 7 冊 (4) 5 冊

2 (1) 4 点 (2) 7 点
(3) 8.5 点 (4) 4.5 点

3 (1) 8.3 秒 (2) 1.0 秒

解説

1 (4) 四分位範囲（しぶんいはんい）＝第 3 四分位数−第 1 四分位数より，四分位範囲は，7−2 = 5(冊)

2 (1) $\frac{3+5}{2}=4$(点)

(3) $\frac{8+9}{2}=8.5$(点)

3 (1) $\frac{8.2+8.4}{2}=8.3$(秒)

(2) 8.6−7.6 = 1.0(秒)

72 四分位数と四分位範囲② 本冊P.77

1 (1) 11.6℃　(2) 13.8℃
(3) 14.45℃　(4) 2.85℃

2 (1) 146.3cm　(2) 170.1cm
(3) 155.3cm　(4) 159.05cm
(5) 165.85cm　(6) 10.55cm

解説

1 データを並べかえると，

9.4　10.3　12.9　13.7　13.9　14.2　14.7　14.7

となる。

(1) $\dfrac{10.3+12.9}{2}=11.6$(℃)

(2) $\dfrac{13.7+13.9}{2}=13.8$(℃)

(3) $\dfrac{14.2+14.7}{2}=14.45$(℃)

2 データを並べかえると，

146.3　151.9　154.8　155.8　157.3　158.2
159.9　164.9　165.6　166.1　167.9　170.1

となる。

(3) $\dfrac{154.8+155.8}{2}=155.3$(cm)

(4) $\dfrac{158.2+159.9}{2}=159.05$(cm)

(5) $\dfrac{165.6+166.1}{2}=165.85$(cm)

73 箱ひげ図① 本冊P.78

1 (1) ① 5m　② 13m
③ 6m　④ 8m
⑤ 11m

(2)

0　5　10　15(m)

74 箱ひげ図② 本冊P.79

1 (1) 2組　(2) 1組
(3) 2組　(4) 1組
(5) 2組

解説

1 (3) 読書時間が少ないほうから20番目の生徒の読書時間は，第2四分位数である。

(4) 読書時間が10時間以下の生徒は，1組は20人以上，2組は19人以下である。

(5) 2組の第3四分位数は17時間だから，$\dfrac{1}{4}$以上の生徒の読書時間は15時間以上である。